新工科建设·电子信息类系列教材

单片机基础与 Arduino 应用
（第 2 版）

王　俊　杨　彬　张玉玺　编著

电子工业出版社·
Publishing House of Electronics Industry
北京·BEIJING

内 容 简 介

本书以 Arduino 单片机开发为索引，较为系统地介绍了单片机的工作原理、编程方法，并给出了使用实例。全书共 22 章，通过介绍单片机的基本知识引入 Arduino 单片机，并通过诸多实例讲解了 Arduino 单片机的结构、工作原理、编程方法及调试方法等，基本覆盖了单片机入门和 Arduino 开发所需的知识点。

本书语言浅显易懂，实例丰富，可以作为高等院校电子信息工程类，通信工程类及计算机、自动控制类等相关专业学生的教材，也可以作为单片机爱好者的参考书。

图书在版编目（CIP）数据

单片机基础与 Arduino 应用 / 王俊，杨彬，张玉玺编
著. -- 2 版. -- 北京 : 电子工业出版社，2024. 10.
ISBN 978-7-121-48992-1

Ⅰ. TP368.1

中国国家版本馆 CIP 数据核字第 2024S00442 号

责任编辑：赵玉山　　　　　　　特约编辑：田学清
印　　刷：三河市兴达印务有限公司
装　　订：三河市兴达印务有限公司
出版发行：电子工业出版社
　　　　　北京市海淀区万寿路 173 信箱　　　邮编：100036
开　　本：787×1092　　1/16　　印张：15.25　　字数：390 千字
版　　次：2017 年 8 月第 1 版
　　　　　2024 年 10 月第 2 版
印　　次：2024 年 10 月第 1 次印刷
定　　价：49.00 元

凡所购买电子工业出版社图书有缺损问题，请向购买书店调换。若书店售缺，请与本社发行部联系，联系及邮购电话：（010）88254888，88258888。

质量投诉请发邮件至 zlts@phei.com.cn，盗版侵权举报请发邮件至 dbqq@phei.com.cn。

本书咨询联系方式：（010）88254556，zhaoys@phei.com.cn。

前　言

　　单片机是一种集成了 CPU、存储器、I/O 口、定时器等的微型计算机系统，也叫微控制器，在智能仪器、工业控制、家用电器、网络通信、模块化系统、汽车电子、消费电子等领域应用广泛。全书以当前很受欢迎的 Arduino 单片机平台为例，介绍单片机的结构、工作原理及编程方法等，通过应用实例，方便学生学习并掌握单片机开发技术。

　　本书第 1 章主要介绍单片机的发展史及应用；第 2 章主要介绍目前非常流行的开源单片机平台 Arduino 及其开发环境的搭建；第 3～5 章循序渐进地介绍 Arduino 单片机平台对 I/O 口（输入/输出接口）、中断系统、定时器、串口等资源的控制，并提供可以运行的程序代码；第 6～14 章主要介绍 Arduino 应用开发中常用功能模块的编程实现；第 15 章提供了基于 Arduino 的智能小车综合应用实例；第 16 章详细介绍了 Arduino 中使用的 AVR 单片机的内部结构及指令系统；第 17～21 章主要介绍 AVR 单片机在寄存器层面对 I/O 口、中断系统、定时器、串口等资源的控制，实现从软件编程到硬件控制的学习；第 22 章提供了基于 AVR 单片机的应用实例。

　　本书由王俊、杨彬、张玉玺编写，其中，王俊编写第 1～6 章和第 16、17 章，杨彬编写第 8、10、11、13、18、21、22 章，张玉玺编写第 7、9、12、14、15、19、20 章。全书由王俊统稿。另外，北京航空航天大学电子信息工程学院的硕士生丁子鳌、孙良运、叶建东、郭鹜等结合项目调试经验，参与了单片机例程的编写与书稿的编辑工作。

　　本书配有开源电路图及源程序，读者可登录北京航空航天大学-空天电子信息国家级实验教学示范中心/空天电子信息国家级虚拟仿真实验教学中心网站免费下载。

　　书中如有疏漏或不当之处，恳请广大读者批评指正。

王　俊

2024 年 7 月

目　录

第 1 章

单片机概述

　　什么是单片机？对于很多初学者，单片机也许是个深奥的名词。本书将由此开始，由浅入深，用尽量通俗易懂的语言介绍单片机的原理，并辅以单片机极为典型的应用实例，让初学者认识单片机，使用单片机，征服单片机。

　　本章是对单片机的简单概述，首先介绍单片机的定义，并简单介绍计算机和单片机的发展史；然后举例说明单片机的应用；最后提出单片机的正确学习方法，为后面的学习打下基础。

1.1　单片机简介

　　用通俗的语言来讲，单片机其实就是一块集成芯片（见图 1.1），但是这块集成芯片的功能需要我们自行编写程序来控制和实现，即单片机是一种可编程的集成电路芯片。编写程序的目的就是控制单片机内部的寄存器，使得某引脚在特定的时段输出相应的电平，加上持续时间，实现时序控制，进而控制相关外围电路，最终实现所要完成的功能。单片机有各种不同的封装形式，有双列直插式的、PLCC 的、表贴的、BGA 的等。

　　为保证严谨性，下面给出单片机的严格定义。单片机是一种集成电路芯片，是采用超大规模集成电路技术，把具有数据处理能力的 CPU（中央处理器）、随机存储器（RAM）、只读存储器（ROM）、多种 I/O 口、中断系统和定时器/计数器等功能集成到一块硅片上构成的一个小而完善的微型计算机系统。这样的一块芯片具有计算机的基本功能，因此也称为单片微型计算机，简称单片机。

图 1.1　典型单片机芯片

　　如今的单片机大部分是由 51 内核扩展出的单片机，即人们常说的 51 单片机。8051 系列单片机产品居多，其主流地位已经形成。在 51 单片机系列中，代表型号是 Atmel 公司（已于 2016 年被 Microchip Technology 收购）的 AT89 系列，它广泛应用于工业测控系统中。而国产宏晶 STC 单片机以其低功耗、廉价及稳定的性能占据着国内 51 单片机较大的市场份额。因此，考虑到通用性及代表性，本书以 STC89C51 型号单片机为主进行讲解，且单片机实例用 C 语言编写，但为了更好地阐述单片机的工作原理，本书会辅以汇编语言来讲述其内部工作流程。

1.2　计算机的发展史

由于单片机是一种单片的计算机，因此，下面首先了解一下计算机的发展史。

第一代（1945—1956 年）：电子管计算机。1944 年，霍华德·艾肯研制出全电子计算器，为美国海军绘制弹道图。这台简称 Mark I 的机器有半个足球场那么大，内含 804.672km 长的电线，使用电磁信号来控制机械部件移动，速度很慢（3～5s 进行一次计算），并且适应性很差，只用于专门领域。1945 年，冯·诺依曼参加了宾夕法尼亚大学的小组，设计了离散变量自动电子计算机 EDVAC，将程序和数据以相同的格式一起存储在存储器中。1946 年 2 月 14日，公认的第一台通用计算机 ENIAC（见图 1.2）诞生了，这是计算机发展史上的里程碑，它有 17468 个真空管，70000 个电阻器，功率 150kW，每秒可进行 5000 次加法运算或 400 次乘法运算，占地面积约 170m^2，质量为 30.5×10^3kg，其运算速度是 Mark I 的 1000 倍、手工计算的20 万倍。

图 1.2　ENIAC 通用计算机

第二代（1956—1963 年）：晶体管计算机。1947 年，晶体管问世。1956 年，由于晶体管和磁芯存储器的发明而出现了第二代计算机，其体积小、运算速度快、功耗低、性能稳定。首先使用晶体管技术的是早期的超级计算机，主要用于原子科学的大量数据处理，这些机器的价格昂贵，生产数量极少。1960 年，出现了一些成功地用在商业领域、大学和政府部门的第二代计算机。打印机、磁带、磁盘、内存和操作系统（见图 1.3）等开始出现，COBOL 和 FORTRAN（Formula Translator）等高级编程语言代替了二进制机器码。

图 1.3　磁盘、内存和操作系统

第三代（1964—1971 年）：集成电路计算机。1964 年，IBM 成功研制出第一个采用集成电路的通用电子计算机系列 IBM 360 系统。IBM 360 系统计算机如图 1.4 所示。

第四代（1971 年至今）：大规模集成电路计算机。1981 年，IBM 推出个人计算机（PC），用于家庭、办公室和学校。计算机继续缩小体积，从桌上到膝上再到掌上。1984 年，苹果公司推出了 Apple Macintosh 系列，提供了友好的图形界面，用户可以用鼠标方便地进行操作，如图 1.5 所示。

图 1.4　IBM 360 系统计算机

图 1.5　IBM 和苹果公司的早期计算机

1.3　单片机的发展史

纵观单片机的发展史，它的出现与计算机的发展是密不可分的，其发展历程可大致分为 4 个阶段。

第一阶段（1974—1976 年）：单片机初级阶段。因工艺限制，单片机采用双片的形式，而且功能比较简单。1974 年 12 月，仙童半导体公司推出了 8 位的 F8 单片机，它实际上只包括 8 位 CPU、64B RAM 和 2 个并行口。

第二阶段（1976—1978 年）：低性能单片机阶段。1976 年，Intel 公司推出的 MCS-48 系列单片机（8 位单片机）极大地促进了单片机的变革和发展，8048 单片机如图 1.6 所示；1977 年，GI 公司推出了 PIC1650 单片机，但这个阶段的单片机仍然处于低性能阶段，特点是数据处理速度低、功耗高、集成度低、没有串口。

第三阶段（1978—1983 年）：高性能单片机阶段。1978 年，ZiLOG 公司推出了 Z8 单片机；1980 年，Intel 公司在 MCS-48 系列单片机的基础上推出了 MCS-51 系列单片机，即 8051 系列单片机，如图 1.7 所示；同年，Motorola 公司推出了 6801 单片机。这些产品使单片机的性能及应用跃上了一个新的台阶。此后，各公司的 8 位单片机迅速发展。这个阶段推出的单片机普遍带有串行 I/O 口、多级中断系统、16 位定时器/计数器，片内 ROM、RAM 容量加大，且寻址范围可达 64KB，有的片内还带有 A/D 转换器。由于这类单片机的功能丰富、性价比高，因此被广泛应用，是目前应用数量最多的单片机。

第四阶段（1983 年至今）：8 位单片机巩固、发展及 16 位单片机、32 位单片机推出阶段。16 位单片机的典型产品为 Intel 公司生产的 MCS-96 系列单片机。而 32 位单片机除具有更高的集成度外，其数据处理速度比 16 位单片机的数据处理速度提高了很多，其性能比 8 位、16

位单片机的性能更加优越。20 世纪 90 年代是单片机制造业大发展的时期，这个时期的 Motorola、Intel、Atmel、美国德州仪器（TI）、三菱、日立、Philips、LG 等公司也开发了一大批性能优越的单片机，极大地推动了单片机的应用。近年来，又有不少新型的高集成度单片机产品涌现，出现了单片机产品丰富多彩的局面。图 1.8 所示为 TI 生产的 MSP 430 单片机。

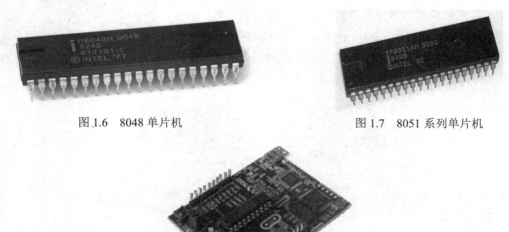

图 1.6　8048 单片机　　　　　　　　　　图 1.7　8051 系列单片机

图 1.8　TI 生产的 MSP 430 单片机

1.4　单片机的应用

如今，单片机广泛应用于仪器仪表、家用电器、医用设备、航空航天、专用设备的智能化管理及过程控制等领域。近几年，智能硬件更是不断进入人们的视野，低功耗的 MCU（微控制单元）将越发得到广泛应用。总的来说，单片机这类 MCU 应用大致可分为如下几个范畴。

（1）智能仪器仪表。

单片机具有体积小、功耗低、控制功能强、扩展灵活、微型化和使用方便等优点，广泛应用于仪器仪表中，结合不同类型的传感器，可实现诸如电压、功率、频率、湿度、温度、流量、速度、厚度、角度、长度、硬度、压力等物理量的测量。采用单片机进行控制，使得仪器仪表数字化、智能化、微型化，且其功能比采用电子或数字电路的功能更加强大，如精密的测量设备（功率计、示波器、各种分析仪），如图 1.9 所示。

图 1.9　单片机在智能仪器仪表中的应用

（2）工业控制。

用单片机可以构成形式多样的控制系统、数据采集系统，如工厂流水线的智能化管理、电梯智能化控制、各种报警系统、与计算机联网构成二级控制系统等。

（3）家用电器。

可以这样说，现在的家用电器基本上都采用单片机来控制，从电饭煲、洗衣机、电冰箱、空调、彩电、其他音响视频器材，到电子秤称重设备，如图 1.10 所示。

图 1.10　单片机在家用电器中的应用

（4）计算机网络和通信领域。

现代的单片机普遍具备通信接口，可以很方便地与计算机进行数据通信，为在计算机网络和通信设备间的应用提供极好的物质条件。现在的通信设备基本上都实现了单片机智能控制，从手机、电话机、小型程控交换机、楼宇自动通信呼叫系统、列车无线通信，到日常工作中随处可见的移动电话、集群移动通信、无线电对讲机等，如图 1.11 所示。

图 1.11　单片机在计算机网络和通信领域的应用

（5）医用设备。

单片机在医用设备中的应用也相当广泛，如医用呼吸机、各种分析仪、监护仪、超声诊断设备及病床呼叫系统等，如图 1.12 所示。

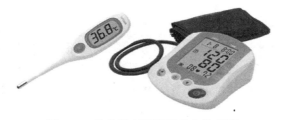

图 1.12　单片机在医用设备中的应用

此外，单片机在工商、金融、科研、教育、国防、航空航天等领域都有着十分广泛的应用。

1.5　如何学习单片机

单片机是一种可通过编程控制的微处理器，单片机自身不能直接运用到工程或项目上，而是需要通过外围模拟电路等相关搭配才能实现强大的功能。因此，在学习单片机的过程中，不仅需要掌握单片机的工作原理和编程，还需要逐渐了解外围模拟电路的原理和设计。

单片机是一个完整的数字计算系统，单片机系统开发涉及编程语言、处理器结构、数字电路等软/硬件知识。本书前半部分以 Arduino 作为单片机入门学习平台，涵盖 Arduino 单片机开发基础和外围模块应用，帮助初学者建立程序与硬件、C 语言与单片机之间的关系，通过"学中做、做中学"掌握单片机系统的基本概念和开发技能，培养系统设计和实现能力。

Arduino 是信息化、网络化时代开发的软/硬件统一、接口统一的单片机系统，同时，软/硬件开源、开发生态开放使其成为一款便捷灵活、方便上手、学习资源丰富的电子原型平台，如图 1.13 所示；网上也有很多开源社区，有各种各样的作品制作案例。

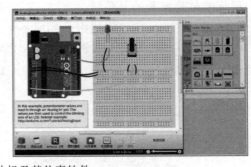

图 1.13　Arduino 单片机及其仿真软件

本书后半部分以 Arduino 中使用的 AVR 系列单片机 ATmega328P 为例，从硬件底层视角帮助初学者掌握单片机的工作原理和高级开发方法。结合已经在 Arduino 中实践过的例程，从寄存器控制和单片机指令执行层面不断地琢磨与实践，逐渐理解单片机的内部结构和控制方法，最终熟练地驾驭单片机系统的软/硬件开发。

1.6　小结

单片机是一种集成电路芯片，是采用超大规模集成电路技术把具有数据处理能力的 CPU、RAM、ROM、多种 I/O 口和中断系统、定时器/计数器等功能集成到一块硅片上构成的一个小而完善的微型计算机系统。单片机的学习从 Arduino 单片机入门学习平台开始，以动手实践例程展开，并以底层开发 AVR 单片机的方式掌握单片机。

第 2 章

Arduino 入门

本书从大家熟悉的 Arduino 讲起，分为 Arduino、单片机、创新作品 3 部分，为读者提供一种循序渐进地学习单片机的途径。

Arduino 因其简单易用、封装、开源等特性，已经成为广大学生及电子爱好者的一个基本创作工具，通俗易懂的开发语言也促进了其快速流行起来。

2.1 Arduino 的诞生

Arduino 是一款开源硬件平台。如果你听说过 Linux 操作系统，那么你可能会比较熟悉开源软件的概念。在开源软件社区，开发者向公众发布程序代码，任何人都可以对其进行修改和排错。这样做不仅丰富了开源软件的功能，还使程序的 Bug 更少。

开源硬件的概念和开源软件的概念基本一致，区别仅在于开源的对象是硬件而不是软件代码。在开源硬件项目中，硬件设计对公众开放，允许任何人自由使用和修改。

Arduino 项目开发者设计了一个完整的微控制器系统，使用标准接口与外设进行交互，项目架构和开发计划已经作为开源项目向公众开放，允许任何人在自己的项目中自由使用，甚至修改，而不会触犯任何专利保护法案。

说到 Arduino 的起源，似乎是"无心插柳柳成荫"，Arduino 并不是由大的电子公司设计的，甚至不是由计算机科班生研发出来的。它最初只是为了满足一群学生和教师的艺术设计项目的需要而设计的。

Massimo Banzi 是意大利米兰交互设计学院的教师，他的学生常常说找不到一块价格便宜且功能强大的控制主板来设计机器人。2005 年的冬天，Massimo Banzi 和 David Cuartielles 讨论到这个问题，David Cuartielles 是西班牙的微处理器设计工程师，当时在这所学校做访问研究。他们决定自己设计一块控制主板。为此，他们找来了 Massimo Banzi 的学生 David Mellis，让他来编写代码程序。David Mellis 只花了两天时间就完成了代码的编写，又过了 3 天，板子就被设计出来了。因为 Massimo Banzi 喜欢去一家名叫 di Re Arduino 的酒吧，该酒吧是以 1000 年前意大利国王 Arduin 的名字命名的。为了纪念这个地方，他将这块控制主板命名为 Arduino。图 2.1 所示为 Arduino 的创始人 Massimo Banzi 及其团队。

很快，这块控制主板就受到广大学生的欢迎。这些学生当中甚至有完全不懂计算机编程的，但他们都用 Arduino 做出了"很炫"的作品：有人用它控制和处理传感器，有人用它控制灯的闪烁，有人用它制作机器人……之后，Massimo Banzi、David Cuartielles 和 David Mellis 将设计作品上传到网上，并花 3000 欧元加工出了第一批控制主板。

图 2.1　Arduino 的创始人 Massimo Banzi 及其团队

　　他们当时加工了 200 块板子，卖给学校 50 块，起初还担心剩下的 150 块怎么卖出去，但是几个月后，他们的设计作品在网上得到了快速传播，他们收到了几个上百块板子的订单。这时他们明白 Arduino 是很有市场价值的，因此，他们决定开始 Arduino 的事业，但是有一个原则——开源。他们规定任何人都可以复制、重设计甚至出售 Arduino 板子。人们不需要花钱购买版权，连申请许可权都不需要。但是，如果人们加工出售 Arduino 原板，那么版权还是归 Arduino 团队所有。如果人们在基于 Arduino 的设计上进行修改，那么该设计也必须和 Arduino 一样开源。

2.2　Arduino 的特性

　　实际上，很多单片机和单片机平台都适用于交互式系统的设计。与众多类似的平台相比，Arduino 简化了单片机的工作流程，但同其他系统相比，Arduino 在很多地方更具有优越性，特别适合教师、学生和一些业余爱好者使用。具体而言，Arduino 的特性有以下几点。

　　（1）学习 Arduino 单片机可以完全不需要了解其内部硬件结构和寄存器设置，仅仅知道其端口的作用即可；可以不懂硬件知识，只要会 C 语言，就可用 Arduino 单片机编写程序。Arduino 软件语言对常用代码做了封装，仅仅需要掌握少数几个指令，而且指令的可读性也强，稍微懂一点 C 语言即可轻松上手，快速应用。Massimo Banzi 曾说过："Arduino 编程语言，任何人都能看懂，用一次就会上瘾。"

　　（2）Arduino 的理念就是开源，软/硬件完全开放，技术上不做任何保留。针对外围 I/O 设备的 Arduino 编程，很多常用的都已经带有库文件或样例程序，在此基础上进行简单的修改，即可编写出比较复杂的程序，完成功能多样的作品。

　　（3）Arduino 开源，这意味着从 Arduino 的相关网站、博客、论坛里可以得到大量的共享资源，通过资源整合，能够加快和提高创作者创作作品的速度及效率。

　　（4）相对于其他开发板，Arduino 及其外围产品相对质优价廉，学习或创作成本低，即使是组装好的成品，其价格也不会超过 200 元。还有重要的一点是，不需要烧写器烧写代码，直接用 USB 线就可以完成下载。

（5）Arduino 是跨平台的，软件可以运行在 Windows、OS X 和 Linux 操作系统上，而大部分其他的单片机系统都只能运行在 Windows 操作系统上。

2.3　Arduino 硬件介绍

Arduino 不同于传统的计算机，因为它几乎没有存储器、操作系统、键盘、鼠标或显示器接口，所以 Arduino 需要一些外设来实现其控制目的。

2.3.1　Arduino UNO 介绍

Arduino 官方提供了多种开发板，如 Arduino UNO R3（见图 2.2）、Arduino UNO 增强版（见图 2.3），它们是官方 Arduino 家族目前的主力开发板。

图 2.2　Arduino UNO R3

图 2.3　Arduino UNO 增强版

这里着重介绍本书所制作的 Arduino UNO，它由 ATmega328P-PU 单片微处理器、ATmega16U2-MUR(MLF32) USB 接口芯片、电源系统、外设接口、程序下载接口（ICSP）组成，如图 2.4 所示，其实物图如图 2.5 所示。

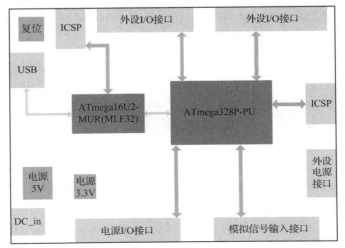

图 2.4　本书所制作的 Arduino UNO 结构图

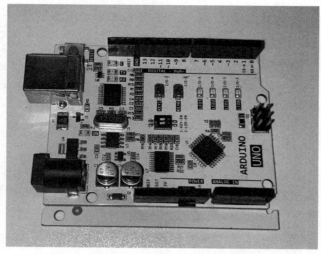

图 2.5   本书所制作的 Arduino UNO 实物图

1. 概述

- 处理器：ATmega328P-PU。
- 工作电压：5V。
- 输入电压（推荐）：7～12V。
- 输入电压（范围）：6～20V。
- 外设 I/O 接口：14（6 路 PWM 输出）。
- 模拟信号输入接口：6。
- 工作时钟：16MHz。

2. 供电引脚

VIN：当外部直流电源接入电源插座时，可以通过此引脚向外部供电；也可以通过此引脚向 Arduino UNO 直接供电。VIN 引脚有电时将忽略从 USB 或其他引脚接入的电源。

5V：通过稳压器或 USB 产生的 5V 电压，为 Arduino UNO 上的 5V 芯片供电。

3.3V：通过稳压器产生的 3.3V 电压，最大驱动电流为 50mA。

GND：地脚。

3. 数字引脚（外设 I/O 接口）

串口信号 RX（0）、TX（1）：串口收/发信号。

外部中断（2、3）：触发中断引脚。

PWM（3、5、6、9、10、11）：提供 6 路 8 位 PWM 输出。

SPI（10(SS)，11(MOSI)，12(MISO)，13(SCK)）：SPI 接口。

LED（13 号）：Arduino UNO 专门用于测试的保留接口。

4. 模拟引脚

6 路模拟输入（A0～A5）：每路均具有 10 位分辨率（输入有 1024 个不同值），默认输入信号为 0～5V，可以通过 AREF 调整输入上限。

AREF：模拟输入信号的参考电压。

2.3.2　Arduino UNO 核心电路

Arduino UNO 核心电路包括主控芯片（ATMega328P-PU）、电源、时钟电路和复位电路，其原理图如图 2.6 所示。

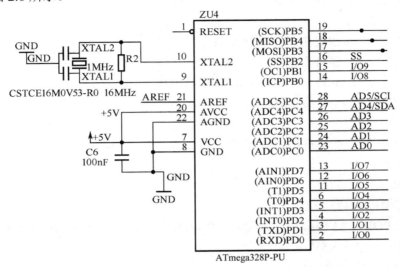

图 2.6　Arduino UNO 核心电路原理图

ATmega328P-PU 单片微处理器介绍。

（1）高性能、低功耗的 8 位 AVR 微处理器。

（2）先进的 RISC（精简指令集计算机）结构。

● 131 条指令，大多数指令的执行时间为单个时钟周期。

● 32 个 8 位通用寄存器。

● 全静态工作。

● 工作于 20MHz 时性能高达 20MIPS。

● 只需 2 个时钟周期的硬件乘法器。

（3）非易失性程序和数据存储器。

● 32KB 的系统内可编程 Flash，擦写寿命达 10000 次。

● 具有独立锁定位的 Boot 代码区。

● 通过片上 Boot 程序实现系统内编程。

● 真正的同时读/写操作。

● 1024B 的 EEPROM，擦写寿命达 10000 次。

● 2KB 的片内 SRAM。

（4）外设特点。

● 2 个具有独立预分频器和比较器功能的 8 位定时器/计数器。

● 1 个具有预分频器、比较和捕捉功能的 16 位定时器/计数器。

● 具有独立振荡器的实时计数器 RTC。

- 6 路 8 位 PWM。
- 8 路 10 位 ADC。
- 可编程的 USART。
- 可工作于主机/从机模式的 SPI 串口。
- 面向字节的 2-wire 串口。
- 具有独立片内振荡器的可编程看门狗定时器。
- 片内模拟比较器。
- 引脚电平变化可引发中断及唤醒 MCU。

（5）特殊的微控制器特点。

- 上电复位（POR）及可编程的掉电检测（BOD）。
- 经过标定的片内 RC 振荡器。
- 片内/外中断源。
- 6 种休眠模式：空闲模式、ADC 噪声抑制模式、省电模式、掉电模式、待机模式和延长待机模式。

（6）I/O 和封装。

- 23 根可编程的 I/O 口线。
- 28 引脚 PDIP，32 引脚 TQFP，28 引脚 QFN/MLF，32 引脚 QFN/MLF 封装。
- 工作电压：1.8～5.5V。
- 工作温度范围：−40～85℃。
- 工作速度等级：0～20MHz@1.8～5.5V。

（7）超低功耗。

- 正常模式：1MHz，1.8V，25℃，0.2mA。
- 掉电模式：1.8V，0.1μA。
- 省电模式：1.8V，0.75μA。

2.3.3 Arduino UNO 外围系统

Arduino UNO 可以提供 5V 和 3.3V 的输出电压，既能给开发板供电，又能给外设供电，以减轻外设电路设计冗余，提高项目开发效率。其中，电源既可以通过 USB 供电，又可以通过专用的 5V 电源供电，当用专用的 5V 电源供电时，切断 USB 供电。电源设置了过流保护，电路原理图如图 2.7 所示。

Arduino UNO 提供了 USB 接口，ATmega16U2-MUR(MLF32)是 USB 接口芯片，其特征如下。

（1）16KB 的 Flash，支持自擦写功能；512B 的 EEPROM 和 SRAM（8U 和 16U 的不同之处是 Flash 的容量不同）。

（2）内置 Boot-Loader 功能。

（3）支持 USB 全速，包含 4 个 USB I/O 接口。

（4）包含内置晶振。

（5）操作电压为 2.7～5.5V。当操作电压为 2.7V 时，最高工作频率是 8MHz；当操作电压为 4.5V 时，最高工作频率是 16MHz。

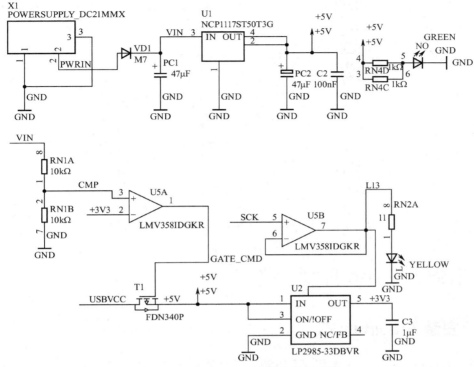

图 2.7　Arduino UNO 电源电路原理图

该电路既可以通过 USB 下载程序，又可以通过杜邦线连接外部 USB 专用转换模块下载程序。该 USB 还负责与计算机进行串口通信。Arduino UNO 的 USB 接口原理图如图 2.8 所示。

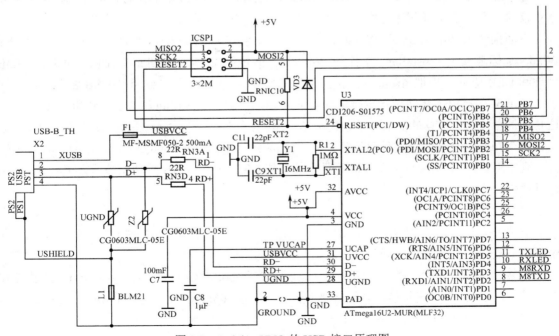

图 2.8　Arduino UNO 的 USB 接口原理图

此外，Arduino UNO 还提供了外部供电接口、模拟输入接口、数字接口、IIC 接口、普通 I/O 接口，以最大限度地满足各种通用外设需求，使得项目设计更加多样化。Arduino UNO 外部接口原理图如图 2.9 所示。

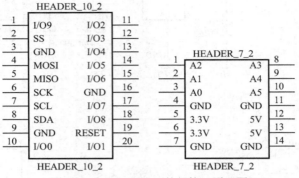

图 2.9　Arduino UNO 外部接口原理图

2.4　搭建 Arduino 开发环境

2.4.1　安装 Arduino IDE

使用 Arduino IDE 前，先要从网上下载它并将其安装到工作计算机上。Arduino 项目维护了 Arduino IDE 的网页。浏览该网页时，会找到 3 个平台上的最新 Arduino IDE 版本：Windows、OS X 和 Linux。

除了这 3 个平台上的预编译版本，Arduino 还提供了 Arduino IDE 的完整源代码。如果你喜欢冒险（并且在编译程序方面有经验），则可以下载源代码并在任何需要的平台上编译。

下面描述 Arduino IDE 在 Windows 平台上的安装过程。Windows 平台上有两种下载版本：Windows 标准安装（installer）文件和 Windows zip 压缩文件。installer 文件包含 Arduino IDE 软件和 USB 驱动，当把 Arduino 连接到 USB 接口时，Windows 平台通过 USB 驱动可以识别出 Arduino。installer 文件运行时将出现安装向导，自动安装 Arduino IDE 软件和 USB 驱动。这是最简单，也是推荐的安装方法。Windows zip 压缩文件也包含 Arduino IDE 软件和 USB 驱动。将 Windows zip 压缩文件解压后，可以直接使用其中的 arduino.exe 运行 Arduino IDE 软件，但是需要使用 Windows 设备管理器手动安装 USB 驱动。USB 驱动安装后方可与 Arduino 进行通信。

（1）使用 installer 文件。

下载 installer 文件，并运行其中的.exe 文件，计算机将启动安装向导程序，一步步地引导用户完成安装过程。安装向导程序启动之后的界面如图 2.10 所示。

安装过程中可以接受默认安装位置，或者按需要指定其他安装位置。Arduino IDE 软件安装完成后，安装向导程序将接着安装必要的驱动，以使 Arduino 可以与 Windows 系统进行通信。

（2）使用 Windows zip 压缩文件。

如果下载的是 Windows zip 压缩文件，则安装过程会稍微麻烦一点。Windows zip 压缩文件中包含的内容和 installer 文件中包含的内容相同，但它无法做到自动安装。下载 Windows zip 压缩文件后，为了运行 Arduino IDE 软件，需要将所下载的文件解压到某个文件夹，其中的 arduino.exe 可执行文件是 Arduino IDE 的主程序。

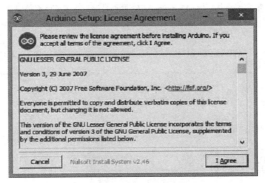

图 2.10　安装向导程序启动之后的界面

不过，在正式使用 Arduino IDE 前，必须手动安装 USB 驱动，否则 Arduino 与 Windows 系统无法进行通信。下面给出手动安装 USB 驱动的具体步骤。

① 将 Windows zip 压缩文件解压到某个文件夹后，将 Arduino UNO 连接到计算机的 USB 接口。

② Windows USB 工具自动弹出，但是提示无法为 Arduino 找到合适的驱动。

③ 打开 Windows 设备管理器，显示未知 USB 设备，如图 2.11 所示。

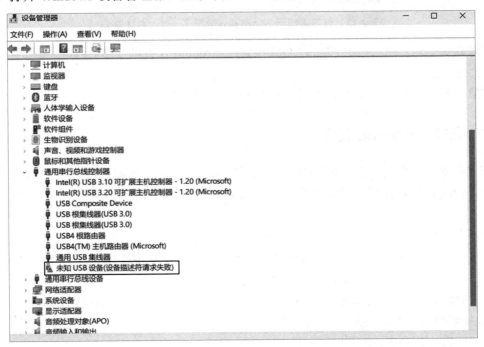

图 2.11　Windows 设备管理器上显示未知 USB 设备

④ 双击未知 USB 设备。

⑤ 在未知 USB 设备属性对话框中单击“更新驱动程序”按钮。

⑥ 选择"浏览计算机以查找驱动程序软件"选项。

⑦ 导航到刚才解压的 Arduino 文件夹的 drivers 子文件夹。

⑧ 安装。

⑨ 安装成功后，设备管理器为 Arduino 分配了一个 COM 端口，如图 2.12 所示。

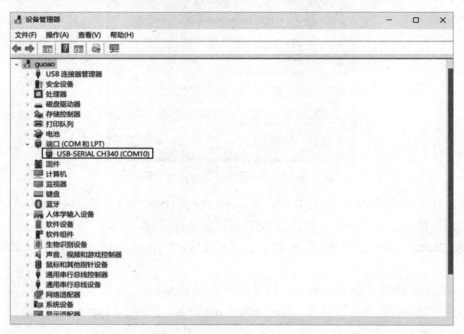

图 2.12　设备管理器为 Arduino 分配了一个 COM 端口

需要强调的是，系统使用分配的 COM 端口与 Arduino 设备进行通信，在后面配置 Arduino IDE 时会用到。

注意： 不同的系统环境为 Arduino 分配的 COM 端口可能不同。

2.4.2　配置 Arduino IDE

在大多数默认配置下，Arduino IDE 可以正常工作。但是在开始正式工作前，还需要检查两个主要的配置项。按照下面的步骤配置 Arduino IDE，使它能够适配实际使用的 Arduino UNO。

（1）查找端口号。

① 在 Arduino IDE 中设置 Arduino UNO 类型。在菜单栏中选择"Tools">"Board"选项，给出了多个可选的 Arduino UNO 类型。

② 选择所使用的 Arduino UNO 类型，从而保证编译器生成正确的机器代码。

③ 检查串口设置。在菜单栏中选择"Tools">"Serial Port"选项，可以看到目前计算机已安装的所有串口列表。

④ 串口列表依赖计算机配置及连接到计算机的设备类型选择与 Arduino IDE 对应的端口号。

在 Windows 系统中，打开设备管理器，查看端口设备树。展开该设备树，即可找到分配给 Arduino 的 COM 端口号。

（2）使用串口监视器。

串口监视是 Arduino IDE 的一项特殊功能，在排除程序故障或 Arduino 程序进行简单通信时使用非常方便。串口监视器就像一个串口终端，可以向 Arduino 串口发送数据，也可以从 Arduino 串口接收数据。串口监视器在一个弹出窗口中显示从串口接收的数据。

Arduino IDE 中有以下 3 种方法激活串口监视器。

● 在菜单栏中选择"Tools"＞"Serial Monitor"选项。

● 按 Ctrl+Shift+M 组合键。

● 单击工具栏中的"串口监视器"按钮。

选择正确的串口设备后，它会自动关联一个弹出窗口，负责通过 Arduino UNO 上的 USB 接口实现模拟串行通信。图 2.13 显示了串口监视器窗口。

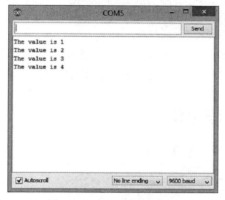

图 2.13　串口监视器窗口

在串口监视器窗口的顶部文本框中输入字符后，单击"Send"按钮，输入的字符将通过串口发送到 Arduino UNO。串口监视器将所有输出都显示在中部一个可滚动的区域中。

2.5　编写 Arduino 程序

搭建好 Arduino 开发环境后，就可以着手开发项目了。本节涵盖了编写和运行 Arduino 程序所需的基本知识。

2.5.1　Arduino 程序构成

使用 Arduino IDE 时，必须遵循特定的编码规范。该编码规范和标准 C 语言的编码规范有一点区别。

在标准 C 语言中，通常用 main()函数定义程序的入口，当 CPU 开始运行程序时，从 main()函数开始执行。但是，Arduino 程序中没有 main()函数，将预先装载到 Arduino 上的 bootloader 作为程序的 main()函数。Arduino 执行 bootloader，bootloader 调用用户编写的应用程序。

bootloader 会到程序中查找两个特殊的函数：setup()和 loop()。

上电时，bootloader 调用 setup()函数作为首先执行的函数，其中的代码只执行一次，然后反复调用 loop()函数。

setup()函数的定义如下：

```
void setup() {
    start-up code
}
```

通常把启动代码和端口初始化代码放在 setup()函数中。

bootloader 调用完 setup()函数后，就开始反复调用 loop()函数，直到 Arduino 断电。loop()函数的格式和 setup()函数的格式相同：

```
void loop() {

}
```

应用程序主体在 loop()函数中。在这里，程序读取传感器，并向外部发送信号。setup()函数是初始化 I/O 引脚的好地方。这样，在 loop()函数运行时，引脚状态已经就绪，可以使用。

2.5.2　编写 Arduino 程序示例

前面学习了 Arduino 程序的基本知识，下面通过编写一个简单的程序来对 Arduino 的整个开发流程有一个直观的认识。

（1）使用编辑器。

打开 Arduino IDE 后，在编辑窗口打开新的程序。新程序的名称在其编辑器选项卡的顶部，软件自动为其命名为：

```
sketch_mmmddx
```

其中，mmm 是月份的 3 个英文字母的缩写，dd 是 2 个数字表示的天数，x 是用于区分同一天创建的不同程序的字母（如 sketch_jan01a）。在之后保存时，可以将其更改为有意义的程序名称。

在编辑器中输入代码时，编辑器会对程序的不同部分自动着色，如函数名显示为棕黄色，字符串显示为蓝色。这样会让编程开发者更容易发现语法错误，在调试程序时非常有用。

在编辑器中输入以下代码：

```
int counter = 0;
int pin = 13;
void setup(){
    Serial.begin(9600);
    pinMode(pin,OUTPUT);
    digitalWrite(pin,LOW);
}
void loop(){
    counter = counter + 1;
```

```
digitalWrite(pin,HIGH);
Serial.print("Blink #"); Serial.println(counter);
delay(1000);
digitalWrite(pin,LOW);
delay(1000);
}
```

上述程序的基本功能是让 Arduino UNO 上连接到数字接口 13 且标注 L 的 LED 每秒闪烁一次，在 Arduino 串口设备上输出信息，并对 LED 的每次闪烁进行计数。后续章节将解释各行代码的含义，现在先不用太关注代码的细节，主要任务是练习编译和运行程序。

在编辑器中输入代码后，在菜单栏中选择"File">"Save As"选项，将程序保存为文件 Eg-print。现在已经为验证和编译程序做好准备了。

（2）编译程序。

单击工具栏中的"verify"按钮（钩形图标），或者选择菜单栏中的"Sketch">"Verify">"Compile"选项，将程序编译成 Arduino 可以运行的机器代码。编译完成后，可以在消息区看到显示程序已经编译成功的消息，并在控制台窗口看到最终编译结果占用的空间大小。

如果程序中有任何拼写错误，导致编译失败，那么也会在消息区显示出错信息。Arduino IDE 会将出错的代码行高亮显示，让开发者更快地定位错误，更详细的错误信息会显示在控制台窗口中。程序编译通过后，下一步就是将其上传到 Arduino UNO 上运行了。

（3）上传程序。

成功上传程序到 Arduino UNO 的关键是定义好 Arduino UNO 如何连接计算机。前面配置 Arduino IDE 时对如何使用"Toos">"Serial Port"选项设置和 Arduino UNO 连接的端口号做了全面讲述，这里不再赘述。完成上述设置后，就可以轻松上传程序了。

单击工具栏中的"upload"按钮（向右的箭头图标），或者选择"File">"Upload"选项，就可完成程序上传工作。开始上传之前，Arduino IDE 会重新编译程序。这便于对程序做小的修改：只要一次单击，就可以完成编译和上传修改后程序的全部工作。

上传开始后，可以看到 Arduino UNO 上标注为 TX 和 RX 的 LED 闪烁，指示数据传输正在进行。上传完成后，在消息区和控制台窗口显示上传操作完成的消息。期间如果发生任何错误，就会在消息区和控制台窗口显示错误信息。

上传完成后，就可以在 Arduino UNO 上运行程序了。

（4）运行程序。

程序上传至 Arduino UNO 以后，就可以运行程序了。一旦 Arduino IDE 显示上传完成，标注为 L 和 TX 的 LED 就开始闪烁，表明程序正在运行。上传完成后，bootloader 将自动重启 Arduino 并运行程序。

digitalWrite()函数先将 13 引脚置 0（输出电压为 0），1s 后置 1（输出电压为 5V），从而使标注为 L 的 LED 闪烁。标注为 TX 的 LED 闪烁是因为 Serial.print()函数在向串口输出数据。

可以在 Arduino IDE 中通过串口监视器观察串口输出信息：选择菜单栏中的"Tools">"Serial Monitor"选项，或者单击工具栏中的"串口监视器"按钮（放大镜图标），串口监视器窗口中将显示从 Arduino UNO 上接收的输出信息，如图 2.14 所示。

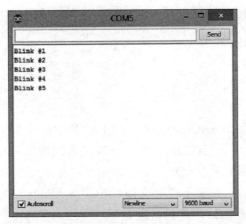

图 2.14　通过串口监视器窗观察串口输出信息

打开串口监视器后，blink 计数器的值重新从 1 开始计数。这是因为打开串口监视器后，它会向 Arduino 发出复位信号；Arduino 中的 bootloader 重新加载应用程序，并从头开始运行。

也可以通过 Arduino UNO 上的复位按钮手动重启程序。在 Arduino UNO 上，复位按钮位于左上角。按下按钮后释放，就可以复位 Arduino。

运行 Arduino UNO 并不一定要求将其连接到计算机，可以使用外部电源为其供电，如电池盒或直流稳压电源，只要电源插头插入其插座即可。Arduino UNO 会自动检测是 USB 接口供电还是外部电源直接供电，并启动程序运行。

2.6　小结

本章首先介绍了当下流行的 Arduino 的发展历史和特性，Arduino 因其简单易用、封装、开源等特性，已经成为广大学生及电子爱好者的一个基本创作工具；接着介绍了 Arduino UNO 的主控芯片及电路的各个具体组成部分，使读者能够清晰地了解 Arduino UNO 的组成及搭建方式；然后介绍了 Arduino 开发环境的搭建，并以 Eg-print 程序为例，分析了 Arduino 程序的框架。由于 Arduino 对硬件底层做了封装，因此其程序更加简洁易懂。

第3章

Arduino 数字输入/输出接口

了解了 Arduino 开发板的结构后，接下来利用 Arduino 实现一些简单的功能。为了控制外设，Arduino 提供了两种类型的接口：读取模拟电压的模拟接口和读取/发送数字信号的数字接口。本章讨论 Arduino 的数字接口，关注如何从外设读取数字信号，以及如何向外设发送数字信号，后面我们将使用这些功能与传感器或其他数字设备进行交互。

本章实现功能：

1. 数字接口输出：通过数字接口控制交通信号灯的亮灭。
2. 数字接口输入：通过轻触开关控制绿灯亮的持续时间。

3.1 LED 的工作原理

LED 是发光二极管（见图 3.1），它是一种半导体，具有单向导电性。20 世纪 90 年代，LED 技术的进步不但使其发光效率超过了白炽灯的发光效率，光强达到了烛光级，而且其颜色也从红色到蓝色，覆盖了整个可见光谱范围，应用十分广泛，如汽车信号灯、交通信号灯、室外全色大型显示屏，以及特殊的照明光源等。

图 3.1 LED

LED 之所以能发光是由于为其加上正向电压后，半导体材料发生电子跃迁，从而释放光能。不同的半导体材料具有不同的跃迁能隙，决定其释放光子的频率，进而决定其发出的光的颜色。例如，砷化镓铝材料的 LED 能发出红光。

从图 3.2 中可以看出，不同规格的直插式 LED 的引脚都是一长一短，规定长的为正极，短的为负极；还有贴片式 LED，规定有涂色的一端为负极。由于半导体具有单向导电性，因此电流只能从正极流入、负极流出。用数字万用表的发光二极管挡也可以检测 LED 的正、负极：当 LED 亮时，红表笔接的一端为正极。

图 3.2　不同封装的 LED

一般，LED 与单片机连接，需要加一个限流电阻。

用欧姆定律可以计算限流电阻的阻值。LED 的正向导通电压一般为 1.8V，电流一般控制为 10～20mA（电流越大，LED 越亮，但不能超过其额定电流），因此限流电阻的阻值为

$$R = \frac{U}{I} = \frac{5 - 1.8}{0.01}\Omega = 320\Omega$$

即可取标称值在 320Ω 以上。

3.2　数字接口的工作原理

3.2.1　数字接口的数量与布局

每种 Arduino 都提供一定数量的数字接口，这些数字接口可以用作输入或输出。有少量的数字接口还具有其他功能（如产生 PWM 信号，或者实现串口通信），后面会介绍这些功能。下面首先学习如何使用数字接口与数字信号进行交互。

Arduino UNO 扩展接口提供了 14 个数字接口，位于图 3.3 上方的扩展插槽中。

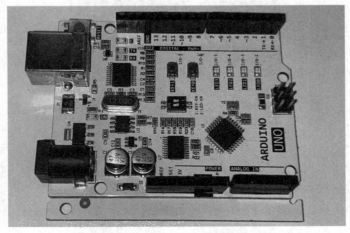

图 3.3　Arduino UNO 的数字接口

数字接口的编号从 0 到 13，在所有类型的 Arduino 设备中，这是标准的排列方式。对于 UNO 和 Mini 版本，这些是仅有的数字接口。对于 Leonardo、Micro 和 Yun 版本，其 6 个模拟接口（编号为 A0～A5）也可以作为数字接口，编号为 14～20。对于 Due 和 Mega 版本，其右侧有一个独立的双排插槽，包含了编号为 21～53 的数字接口。

3.2.2　输入或输出模式设置

Arduino 上的数字接口既可以作为输入接口，又可以作为输出接口，需要使用 pinMode() 函数来指定其输入/输出模式：

```
pinMode(pin, MODE);
```

pinMode() 函数有两个参数：pin 指定数字接口的编号；MODE 指定输入或输出模式，该参数有以下 3 种取值。

（1）INPUT：常规输入模式。

（2）INPUT_PULLUP：带内部上拉电阻的输入模式。

（3）OUTPUT：输出模式。

每种 Arduino 都为其每个数字接口提供了激活内部上拉电阻的选项，若将 MODE 设置为 INPUT_PULLUP，则启用数字接口的内部上拉电阻。

对特定数字接口设置模式后，就可以使用该数字接口了。

3.2.3　数字接口功能函数

对于输出模式，使用 digitalWrite() 函数设定数字接口的输出电平为 HIGH 或 LOW：

```
digitalWrite(pin ,value);
```

其中，pin 指定数字接口的编号，value 设定指定数字接口的输出电压为 HIGH 或 LOW。例如：

```
digitalWrite(10, HIGH);
```

上面的代码设置 10 号数字接口输出+5V 电压。Arduino 的输出电流为 40mA，若驱动小电流设备，如 LED，则必须串联限流电阻（通常为 1kΩ）。

若驱动大电流设备，如电机和继电器，则需要为数字接口外接一个继电器或三极管，用来控制大电流设备的开关。三极管用来将大电流设备与数字接口隔离。当输出电压为 HIGH 时，三极管导通，打开大电流设备的供电；当输出电压为 LOW 时，三极管截止，关闭大电流设备的供电。图 3.4 给出了在数字接口上连接小电流和大电流设备的电路。

当数字接口与外部电路直接连接时，数字接口可以作为一个拉电流（Current Source）或灌电流（Current Sink）。数字接口在输出电压为 HIGH 时作为拉电流对外输出电流。此时，连接到数字接口的外部电路必须接地（零电压）。

数字接口在输出电压为 LOW 时作为灌电流从外界吸收电流。此时，连接到数字接口的外部电路必须提供 5V 电压。图 3.5 显示了上面这两种情况。

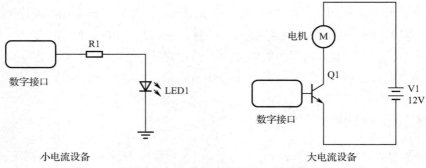

图 3.4 在数字接口上连接小电流和大电流设备的电路

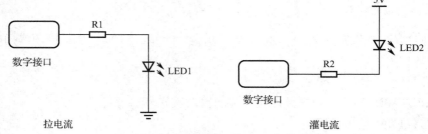

图 3.5 数字接口作为拉电流和灌电流的情况

对于输入模式，使用 digitalRead()函数读取连接数字接口的外设输入的数字信号：

```
result = digitalRead(pin);
```

其中，pin 指定数字接口的编号。digitalRead()函数返回一个布尔量：HIGH 或 LOW，可以与代码中的整型数值 1 或 0 进行比较。

数字接口只能检测二进制数字信号，或者是 HIGH，或者是 LOW。如果检测出 HIGH，那么输入电压必须是 3~5V；如果检测出 LOW，那么输入电压必须为 0~2V。

3.3 数字输出接口

3.3.1 系统连接

实现一个简单的数字交通信号灯需要以下电子器件。

- 3 个 LED（分别发红色光、黄色光和绿色光），Arduino 入门套件配置了一些 5mm，30mA 的 LED，也可以直接使用。
- 3 个 1kΩ电阻。
- 1 个面包板。
- 4 根跳线。

其中，电阻用于限流。如 3.1 节所述，Arduino 驱动小电流设备 LED 时，需要串接一个限流电阻（这里为 1kΩ），只有这样，才能保证 LED 不被毁坏。当然，也可以使用阻值更大的电阻，但是 LED 的亮度会降低。

按照下面的步骤搭建电路。

（1）将 3 个 LED 安装在面包板上。所有 LED 的短引脚都安装在面包板的同一侧，每个 LED 的两个引脚横跨面包板中间的凹槽，不能接触。发红色光的 LED（LED1，红灯）放置在上方，发黄色光的 LED（LED2，黄灯）放置在中间，发绿色光的 LED（LED3，绿灯）放置在下方。

（2）将 3 个 1kΩ电阻一端连接每个 LED 的短引脚，另一端连接面包板的地线插槽。

（3）使用一根跳线，一端连接面包板的地线插槽，另一端连接 Arduino 的 GND。

（4）使用一根跳线，一端连接 LED3 的长引脚，另一端连接 Arduino 的数字接口 10。

（5）使用一根跳线，一端连接 LED2 的长引脚，另一端连接 Arduino 的数字接口 11。

（6）使用一根跳线，一端连接 LED1 的长引脚，另一端连接 Arduino 的数字接口 12。

完成的数字交通信号灯硬件电路原理图如图 3.6 所示。

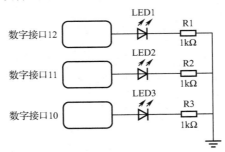

图 3.6　数字交通信号灯硬件电路原理图

3.3.2　流程图

简单的数字交通信号灯工作流程图如图 3.7 所示。

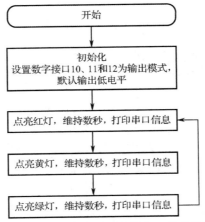

图 3.7　简单的数字交通信号灯工作流程图

3.3.3　程序设计

```
...
int stop = 6;
int yield = 2;
int go = 6;
```

```
void setup() {
    Serial.begin(9600);
    pinMode(10, OUTPUT);
    pinMode(11, OUTPUT);
    pinMode(12, OUTPUT);
    digitalWrite(10, LOW);
    digitalWrite(11, LOW);
    digitalWrite(12, LOW);
}
void loop() {
    stoplight(stop);
    golight(go);
    yieldlight(yield);
}
void stoplight(int time) {
    digitalWrite(10, LOW);
    digitalWrite(11, LOW);
    digitalWrite(12, HIGH);
    Serial.println("Light mode: Stop");
    delay(time * 1000);
}
void yieldlight(int time) {
    digitalWrite(10, LOW);
    digitalWrite(11, HIGH);
    digitalWrite(12, LOW);
    Serial.println("Light mode: Yield");
    delay(time * 1000);
}
void golight(int time) {
    digitalWrite(10, HIGH);
    digitalWrite(11, LOW);
    digitalWrite(12, LOW);
    Serial.print("Light mode: Go - ");
    Serial.println(time);
    delay(time * 1000);
}
```

上述代码中的 setup() 函数定义数字接口的模式，并设定初始输出电压为 LOW。这样，所有的 LED 都为关闭状态，因为 LED 需要高电平来供电。

数字交通信号灯的每种状态（停止、行走和等待）都是由一个独立函数实现的。每个函数设定特定状态下的 LED 的供电需求（例如，在停止状态，将数字接口 12 设为 HIGH，用来给红灯供电；数字接口 10 和 11 设为 LOW，从而关闭绿灯和黄灯）。每个函数中都有一个 delay() 函数，用来设定该状态下的保持等待时间，具体数值由函数参数传递。全局变量 stop、go、yield 包含每种状态的时长（单位为 s）。

3.3.4 烧写

硬件电路搭建完成后，烧写程序，打开串口监视器，运行系统。

当代码运行后，LED 会按照交通信号灯方式工作，在串口监视器窗口中，可以看到当前工作于哪种状态。

这里说一下调试的技巧。串口监视器是调试数字接口十分有用的工具，从中可以了解代码当前的执行情况。一旦交通信号灯工作正常，就可以在代码中去掉 Serial.println 语句，这样就能关闭调试信息输出功能。

3.4　数字输入接口

3.4.1　系统连接

下面通过一个实例演示如何使用数字接口的输入功能。本实例在 3.3 节所完成的数字交通信号灯的基础上添加一些功能，增加 3 个元器件：一个轻触开关（瞬时接触开关）、一个 10kΩ电阻和一根跳线。

轻触开关在按下按钮后处于接触状态，开关的两个引脚导通；松开按钮后，开关处于断开状态。Arduino 入门套件提供了小型轻触开关。

在本实例中，为数字交通信号灯增加一个开关。当开关闭合时，增加绿灯亮的时间。首先，需要搭建以下电路。

（1）将轻触开关安装到面包板中间凹槽位置，位于 LED 的下方。

（2）安装 10kΩ电阻，将其一端连接轻触开关，另一端连接面包板地线插槽。

（3）使用一根跳线，一端连接数字接口 8，另一端连接轻触开关。

3.4.2　流程图

修改后的数字交通信号灯工作流程图如图 3.8 所示。

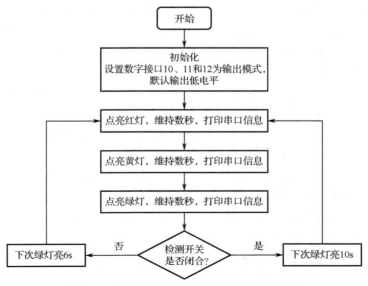

图 3.8　修改后的数字交通信号灯工作流程图

3.4.3　程序设计

在 3.3 节数字交通信号灯的基础上，需要对原代码进行修改。

（1）在原代码的末尾添加 checkSwitch() 函数：

```
int checkSwitch() {
int set = digitalRead(8);
Serial.print("checking switch...");
if (set) {
   Serial.println("the switch is open");
   return 6;
}
else {
   Serial.println("the switch is closed");
   return 10;
}
}
```

（2）修改 setup() 函数，设置数字接口 8 的工作模式为 INPUT_PULLUP：

```
pinMode(8, INPUT_PULLUP);
```

（3）修改 loop() 函数，在 loop() 函数的末尾添加对 checkSwitch() 函数的调用，并将结果赋给变量 go：

```
void loop() {
stoplight(stop);
golight(go);
yieldlight(yield);
go = checkSwitch();
}
```

修改后的 setup() 函数将数字接口 8 的工作模式设置为 INPUT_PULLUP。因此，当轻触开关没有闭合时，接口输入的数值为 HIGH；开关闭合后，接口输入的数值为 LOW。checkSwitch() 函数根据开关是否闭合返回相应的数值。

3.4.4　烧写

代码运行后，只有开关闭合时处于 checkSwitch() 函数的运行时间，变量 go 的值才被修改为 10，否则一直保持默认值 6。

要做到在 checkSwitch() 函数执行时闭合开关，只要在黄灯亮时闭合开关，并在红灯亮时断开开关，在下一个循环中，绿灯亮的时间就会延长。

电路搭建完成后，烧写程序，打开串口监视器，观察程序运行情况。串口监视器窗口中会打印出每次循环时变量 go 的数值，如图 3.9 所示。

当开关断开时，绿灯亮 6s。在黄灯亮时闭合开关，下一次绿灯会亮 10s。

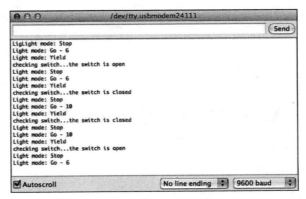

图 3.9　变量 go 的数值

3.5　小结

本章介绍了如何使用 Arduino 的数字接口。Arduino 提供了多个用于检测输入信号和输出信号的数字接口。必须使用 pinMode()函数设置数字接口的输入或输出模式。

对于输出模式，使用 digitalWrite()函数产生 40mA，5V 的输出信号，可用来驱动小电流设备，也可以通过三极管控制大电流设备。

为了检测输入信号，使用 digitalRead()函数，可以通过上拉或下拉的方式，将接口设定为一个默认电平。为此，可以通过 pinMode()函数的 INPUT_PULLUP 参数来设定，也可以通过搭建外部电路的方式来实现。这样可以有效防止输入抖动，避免不确定输入数值的出现。

在第 10 章中，将介绍如何使用 Arduino 的模拟接口。模拟接口可以检测模拟电压，也可以产生模拟信号，从而控制模拟电路，如电动机。

第4章

Arduino 的中断机制与定时器

本章介绍 Arduino 的中断机制和定时器。中断系统是计算机的重要组成部分，中断也是单片机最重要的功能之一，它使得单片机可以更好地利用有限的系统资源提高系统的响应速度和运行效率。通过前几章的学习，读者已经接触到时间的概念，如利用循环语句实现延时等。实际上，Arduino 的内部集成了定时器/计数器模块，可以实现比较精确的定时和计数功能。定时器/计数器模块的功能多样且运用灵活，结合本章的中断原理，定时器的工作原理和编程方法并不难理解。本章首先介绍与中断相关的概念，然后详细介绍如何利用其中的外部中断方式实现按键控制，最后利用从 Arduino 定时器产生的定时中断控制一个 LED 闪烁。

本章实现功能：

1．用外部中断方式实现独立按键控制 LED 亮灭。
2．用 Arduino 定时器产生的定时中断控制一个 LED 以 1s 为间隔闪烁。

4.1 中断系统概述

4.1.1 中断的概念

中断的概念是在 20 世纪 50 年代中期被提出的，是单片机甚至计算机系统中一种非常重要的技术，是为使 CPU 具有对外界紧急事件的实时处理能力而设置的。为了更好地理解中断执行过程，下面举一个例子：某天你在家里洗衣服，洗到一半，手机响了，你会停下手中的工作而接电话，等通话结束后，你会继续洗衣服，如图 4.1 所示。

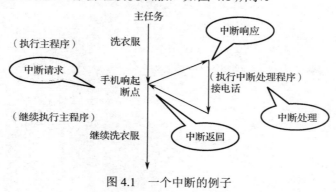

图 4.1　一个中断的例子

以上的例子很好地解释了从中断请求、中断处理到中断返回的完整流程。程序的主任务是洗衣服，而手机响起相当于触发了一个中断请求，那么接电话就是中断处理，执行完后中断返回，继续执行主程序，即洗衣服。

下面给出完整的中断的概念：CPU 在执行程序的过程中，收到外设发来的中断请求，CPU 暂时中断当前正在执行的程序，转到相应的中断处理程序进行处理，处理完毕，返回原来的程序继续运行，这个过程称为中断。总的来说，中断可分为中断请求、中断响应、中断处理和中断返回 4 个步骤。

4.1.2　中断源

可触发中断请求的设备或事件称为中断源。在上面的例子中，手机响起就是中断源。对计算机而言，鼠标的移动、按键的输入、硬盘驱动器等都是中断源，其会触发计算机实时处理外部事件。对 Arduino UNO 而言，它有以下 4 个中断源。

（1）外部中断 0：D2 口引入。

（2）外部中断 1：D3 口引入。

（3）定时器/计数器中断。

（4）串口触发：串口完成一帧发送/接收后触发。

本章为了实现对按键的检测，将按键与 D2 口相连，此时需要使用外部中断 0 作为中断源。

单片机采用中断源触发的方式处理突发事件，它比主动查询方式更具实时性和处理效率。设想一下，你接通电话不是靠手机响起触发，而是无时无刻不在找手机并检查手机是否在响，如果一天中所有的突发事件都要靠你主动去查询（水是否烧开了？有人按门铃了？），那么你很快就会因反复查询而进入疲劳状态。这听起来很有趣，但中断系统就是为了更快、更高效地处理内部或外部事件而设计的。

4.1.3　中断优先级

当有几个中断源同时申请中断时，存在 CPU 先响应哪个中断请求的问题。为此，CPU 要为各个中断请求确定一个优先等级，称为中断优先级。中断优先级高的中断请求优先得到响应。

中断优先级高的中断请求可以中断 CPU 正在处理的中断优先级低的中断处理程序，待完成中断优先级高的中断处理程序之后，继续执行被打断的中断优先级低的中断处理程序，这就是中断嵌套。

4.1.4　中断的技术优势

（1）解决了快速 CPU 和慢速外设之间的矛盾，可使 CPU 和外设并行工作。

应用系统的很多外设速度较慢，可以通过中断的方法来协调快速 CPU 与慢速外设之间的工作。

（2）可及时处理控制系统中的很多随机参数和信息。

依靠中断技术能实现实时控制，实时控制要求计算机能及时完成被控对象随机提出的分析和计算任务。在自动控制系统中，要求各参数随机地在任何时刻都可向计算机发出请求，CPU 必须快速做出响应，及时处理。

（3）具备处理故障的能力，提高了机器自身的可靠性。

由于外界的干扰、硬件或软件设计中存在的问题等因素，计算机在实际运行中会出现硬件故障、运算错误、程序运行故障等，有了中断技术，计算机就能及时发现故障并自动处理。

（4）实现人机联系。

例如，通过键盘向计算机发出中断请求，可以实时干预计算机的工作。

4.2 Arduino 中与中断有关的函数

Arduino 注册中断主要是通过 attachInterrupt()函数实现的，该函数具体为 attachInterrupt (interrupt, ISR, mode)，其各参数含义如下。

（1）interrupt：中断号，Arduino 上每个可以注册中断的 Pin 口都会被分配一个中断号，这里需要传入的是中断号而不是 Pin 口号。但是不同的 Arduino 开发板上的中断号分配并不完全一样，如 Arduino UNO 只有 0、1（D2、D3）两个端口。同一个 Pin 口在不同的 Arduino 开发板上可能有不同的中断号，这势必会影响程序的可移植性。但幸运的是，Arduino 还提供了另一个函数 digitalPinToInterrupt(int)。从它的名字就能看出，它能输入 Pin 口号并输出对应的中断号。因此，推荐读者使用 attachInterrupt(digitalPinToInterrupt(pin), ISR, mode)。

（2）ISR：中断处理程序，又叫中断函数，即中断后要执行的程序。需要注意的是，中断函数不能带参数，也没有返回值，且在中断函数中，不能使用其他用中断实现的函数，如 millis()、delay()等。延时可以使用 delayMicroseconds()函数，它不是用中断实现的。

（3）mode：中断触发的条件，可以设置成下面 4 种。

① LOW：当引脚为低电平时，触发中断。

② CHANGE：当引脚电平发生变化时，触发中断。

③ RISING：当引脚由低电平变为高电平（上升沿）时，触发中断。

④ FALLING：当引脚由高电平变为低电平（下降沿）时，触发中断。

4.3 外部中断实验

4.3.1 系统连接

这里使用 Arduino UNO 的数字接口 2 连接一个独立按键作为外部中断，使用数字接口 4 作为输出外接一个限流电阻和一个 LED，如图 4.2 所示。该实验实现了用外部中断方式实现独立按键控制 LED 的亮灭。

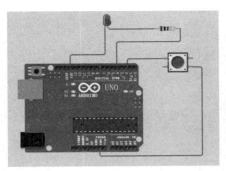

图 4.2 独立按键和 LED 与 Arduino UNO 的连接图

4.3.2 流程图

独立按键与 Arduino UNO 外部中断 0 引脚（D2 口）相连，控制 LED 的取反交替亮灭，LED 与 D4 口相连。外部中断程序流程图如图 4.3 所示，分为主程序和中断处理程序。

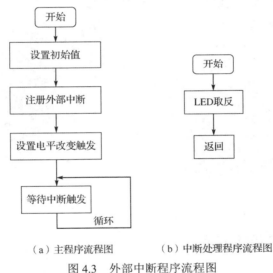

（a）主程序流程图　　（b）中断处理程序流程图

图 4.3 外部中断程序流程图

4.3.3 程序设计

在本实验中，由于使用了外部独立按键，因此应该注意需要进行按键消抖操作，故在循环中加入 delay(20)函数，延迟一段时间以避免按键抖动：

```
const int ledPin = 4;
const int buttonPin = 2;
volatile boolean buttonState = LOW;

void setup() {
 pinMode(ledPin, OUTPUT);
 pinMode(buttonPin, INPUT_PULLUP);
//设置触发中断的端口，以及中断后运行的程序和触发方式
 attachInterrupt(digitalPinToInterrupt(buttonPin), buttonInterrupt, CHANGE);
```

```
}
void loop() {
 digitalWrite(ledPin,buttonState);
 delay(20);//延迟一段时间以避免按键抖动
}

void buttonInterrupt()//改变 LED 的状态，如果是 HIGH，则改为 LOW；反之亦然
{
 buttonState = !buttonState;
}
```

4.3.4 烧写

将以上程序烧写到 Arduino UNO 中，未按下按键时，LED 常灭，如图 4.4 所示；每按一次按键，LED 变亮，如图 4.5 所示，通过外部中断的方式实现了按键检测（由于所用开发板的独立按键没有与外部中断 0 引脚相连，因此这里选择外接一个按键）。

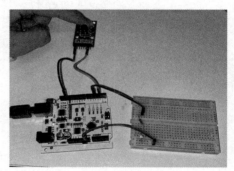

图 4.4　按键未按下　　　　　　　　　　　图 4.5　按键按下

4.4　定时器的工作原理

如果你正在做一件事，收到外界指令便给出反应，如电话铃响后接电话、听到门铃声后开门，这叫作外部中断。那么什么是内部中断呢？你会在规定的时间点做一些事，而不管此刻你正在做什么。尽管你在上午或下午上课或自习，但你每天基本上会在中午、晚上两个时间段吃饭，吃完继续学习，就像定了一个闹钟。

Arduino 已经内置了"闹钟"，它们叫作定时器，可以设定 Arduino 隔多长时间做一件其他的事。其实，在之前的几章中已经用到了定时器，只不过是通过调用 delay()、millis()、micros() 等函数来实现的。定时器是一种简单的计数器，它根据 16MHz 系统时钟的某些频率进行计数。读者可以配置时钟除数来更改频率和各种不同的计数模式，还可以将计数器配置为在其达到特定计数时生成中断。

实际上，Arduino UNO 有 3 个内置的硬件定时器：Timer0、Timer1、Timer2，具体如下。

Timer0：一个被 Arduino 的 delay()、millis() 和 micros() 函数使用的 8 位定时器。

Timer1：一个被 Arduino 的 Servo 库使用的 16 位定时器。

Timer2：一个被 Arduino 的 Tone 库使用的 8 位定时器。

其中，8 位和 16 位定时器之间最重要的区别是分辨率，8 位表示可以存储的计数值为 0～255；而 16 位表示可以存储的计数值为 0～65535，以实现更高的分辨率。

定时和计数功能广泛应用在工业检测与民用电子领域。例如，图 4.6（a）所示为流水线计数器，它能够检测出产品经过探头的个数；图 4.6（b）所示为电子表，它依靠定时器实现比较准确的走时。

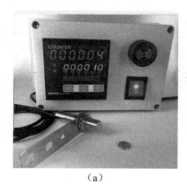

（a）　　　　　　　　　　　　　（b）

图 4.6　生活中的定时和计数

4.5　Arduino 定时器的相关库函数

Arduino 平台完善的开发环境使得调用硬件定时器并不困难，Arduino 社区已有不少库函数可供使用，常用的有两个：TimerOne、MsTimer2。因为这些均是第三方库，所以需要额外下载，在 Arduino IDE 项目的管理库选项中搜索这些库，下载即可。

4.5.1　TimerOne 库

顾名思义，TimerOne 库函数封装的是 Timer1 定时器。以下是 TimerOne 库常用的一些函数。

Timer1.initialize(microseconds)：在使用定时器前，必须先调用这个函数，因为需要先指定定时器的频率（μs）。

Timer1.setPeriod(microseconds)：在库被初始化后设定一个新的周期。这个库的最小周期（最高频率）支持 1μs（1MHz），最大周期为 8388480μs。

Timer1.start()：打开定时器，从一个新的周期开始。

Timer1.stop()：关闭定时器。

Timer1.resume()：恢复运行被停止的定时器，不会开始一个新的周期。

Timer1.attachInterrupt(function)：打开中断，每当定时器的周期结束时，就调用括号中的中断函数。

Timer1.pwm(pin,duty,period)：在指定的 Pin 口输出一个 PWM 波形。duty 是占空比（分辨率为 10bit，取值为 0～1023）。例如，当 duty 取 512 时，占空比为 50%。period 是可选参数，用于设定周期，如果不设定，则为默认值，其范围为 1～8388480μs。

TimerOne 库不仅可以完成定时器功能，还封装了 PWM 功能，功能上更加丰富。不过，从代码可读性上来说，MsTimer2 库更具优势。

4.5.2　MsTimer2 库

MsTimer2 库封装了 Timer2 定时器，Timer2 是一个 8 位定时器，分辨率较低，只能达到 1ms。以下是 MsTimer2 库常用的一些函数。

MsTimer2::set(ms, your_function)：设定定时器周期和周期结束时要执行的函数。

MsTimer2::start()：打开中断。

MsTimer2::stop()：停止中断。

4.6　定时器实验

4.6.1　系统连接

这里使用定时器中断来控制一个 LED 以 1s 为间隔闪烁，让数字接口 13 作为输出来控制一个外部的 LED 每隔 1s 闪烁一次。

注意： 此时需要添加一个限流电阻。

LED 与 Arduino UNO 的连接图如图 4.7 所示。

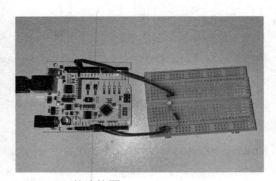

图 4.7　LED 与 Arduino UNO 的连接图

4.6.2　流程图

这里以调用 TimerOne 库为例。图 4.8 所示为定时器中断控制 LED 流程图。

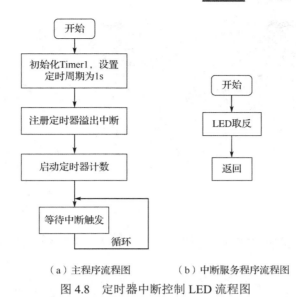

（a）主程序流程图　　　（b）中断服务程序流程图

图 4.8　定时器中断控制 LED 流程图

4.6.3　程序设计

这里使用 TimerOne 库来控制一个 LED 以 1s 为间隔闪烁。调用 Timer1 的初始化函数 Timer1.initialize(microseconds)，设置 Timer1 定时器的周期。需要注意的是，初始化函数输入的参数的单位是μs。当 Timer1 定时器计数满后触发定时器的溢出中断，执行中断服务函数 callback()。

```
#include <TimerOne.h>
void callback()
{
    static boolean output = HIGH;
    digitalWrite(13, output);            // 状态翻转
    output = !output;
}
void setup()
{
    pinMode(13, OUTPUT);
    Timer1.initialize(1000000);          // 初始化 Timer1，设置周期为1s
    Timer1.attachInterrupt(callback);    // 将 callback()函数设置为 Timer1 定时器的溢出中断
}
void loop()
{

}
```

当然，也可以使用 MsTimer2 库来控制一个 LED 以 1s 为间隔闪烁。具体程序代码如下：

```
#include <MsTimer2.h>
void flash() {
  static boolean output = HIGH;
  digitalWrite(13, output);
```

```
 output = !output;
}
void setup() {
 pinMode(13, OUTPUT);
 MsTimer2::set(1000, flash); // 1000ms 的周期，中断服务函数为 flash()
 MsTimer2::start();  // 打开中断
}
void loop() {
}
```

4.6.4　烧写

将上述程序烧写到 Arduino UNO 中并运行，观察到 LED 以 1s 为间隔闪烁，如图 4.9 所示。

图 4.9　定时器运行现象

4.7　小结

本章重点介绍了中断和定时器的概念。中断是计算机中一种很重要的技术，正是有了中断技术，才使得计算机的工作更加灵活、效率更高。中断处理一般包括中断请求、中断响应、中断处理和中断返回 4 个步骤，Arduino UNO 的外部中断引脚只有 D2 和 D3 引脚，本章利用外部中断实现了独立按键控制 LED 的亮灭。

定时器就像闹钟一样，可以设定 Arduino 隔多长时间做一件其他的事。Arduino 有 3 个内置的硬件定时器：Timer0、Timer1、Timer2；常用的定时器库有 TimerOne 和 MsTimer2。定时器可以设置不同的周期，在周期结束时会触发定时器的溢出中断，本章使用定时器中断实现了 LED 每隔 1s 闪烁的功能。

第 5 章

Arduino 串口通信

前面几章介绍了 Arduino 的入门知识和编程基础，包括编程平台的搭建，以及一些常用模块的编程实现。从本章开始，我们将基于 Arduino 实现一些更加复杂的功能，加深读者对 Arduino 编程方法的理解。本章介绍 Arduino 如何实现串口通信，以及 Arduino 如何通过串口控制 RGB-LED。

本章实现功能：

1．Arduino 单片机通过串口控制 LED 的闪烁频率。
2．Arduino 单片机通过串口接受计算机的指令，控制 RGB-LED 发出相应颜色的光。

5.1　串口的工作原理

通信是人们传递信息的方式。计算机通信是指将计算机技术和通信技术相结合，完成计算机与外设或计算机与计算机之间的信息交换。这种信息交换根据数据字节传输方式分为并行通信和串口通信。

单片机串口通信采用的是数字通信中的异步串口通信方式，与其他通信方式相比，串口通信需要更少的传输线（通常为 2 根或 3 根），提供了一种在不同设备间移动数据的简单方法。

5.1.1　串口通信的基本概念

所谓串口通信，就是指将数据字节分成一位一位的形式，在一根传输线上逐个传送，发送和接收的每个字符实际上都是一次一位地传送的，每位为 1 或 0，如图 5.1 所示。串口通信的特点是传输速度慢，但传输线少，长距离传送时成本低，非常适用于计算机与计算机、计算机与外设之间的远距离通信。

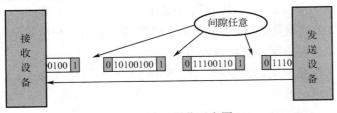

图 5.1　串口通信示意图

异步串口通信是指通信的发送设备与接收设备使用各自的时钟控制数据的发送和接收过程。在异步通信中，数据通常是以字符（或字节）为单位组成字符帧传送的。字符帧由发送设备一帧一帧地发送，通过传输线被接收设备一帧一帧地接收。上面提到，发送设备和接收设备可以由各自的时钟来控制数据的发送和接收，这两个时钟源彼此独立，互不同步，但要求传送速率一致。

异步串口通信不需要传送同步时钟，实现简单，设备开销较小，是使用较为广泛的一种通信方式。Arduino 单片机在与外界进行通信时，基本上都采用异步串口通信方式。图 5.2 所示为几种常见的串口线。

图 5.2　几种常见的串口线

5.1.2　字符帧

字符帧也叫数据帧，由起始位、数据位（纯数据或数据加校验位）和停止位 3 部分组成，如图 5.3 所示。

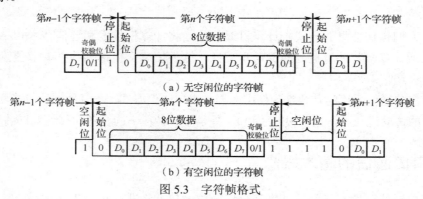

图 5.3　字符帧格式

起始位：位于字符帧开头位置，只占一位，始终为逻辑"0"低电平，用于向接收设备表示发送设备开始发送一帧信息。

数据位：紧跟在起始位之后，用户根据情况可取 5 位、6 位、7 位或 8 位，低位在前、高位在后（先发送数据的最低位）。若所发送数据为 ASCII 码字符，则常取 7 位。

奇偶校验位：位于数据位之后，仅占一位，通常用于对串口通信数据进行奇偶校验，还可以由用户定义为其他控制含义，也可以没有。

停止位：位于字符帧末尾，为逻辑"1"高电平，通常可取 1 位、1.5 位或 2 位，用于向接收设备表示一帧信息已发送完毕，也为发送下一帧信息做准备。

在串口通信中，发送设备一帧一帧地发送信息，接收设备一帧一帧地接收信息，两相邻字符帧之间可以无空闲位，也可以有若干空闲位，这由用户根据需要决定。图 5.3（b）所示为有 3 个空闲位时的字符帧。

5.1.3　波特率

波特率代表单片机或计算机在进行串口通信时的速率，它是对信号传输速率的一种度量，定义为每秒传输二进制代码的位数，其单位为 Baud。通常异步通信的波特率为 50～9600Baud。

波特率和字符的实际传输速率不同，字符的实际传输速率是每秒所传字符帧的帧数，其与字符帧格式有关。例如，波特率为 1200Baud 的通信系统，若采用如图 5.3（a）所示的字符帧，每一字符帧包含 11 位数据，则字符的实际传输速率为 1200/11≈109.09（帧/秒）；若改用如图 5.3（b）所示的字符帧，每一字符帧包含 14 位数据，其中含 3 位空闲位，则字符的实际传输速率为 1200/14≈85.71（帧/秒）。

需要注意的是，为保证串口通信顺利进行，发送设备发送数据的速率与接收设备接收数据的速率要一致，只有这样，才能做到正确解码。

5.1.4　串口通信制式

在串口通信中，数据是在两个站点之间进行传送的，按照数据传送方向及时间关系，串口通信可分为单工、半双工和全双工 3 种制式，如图 5.4 所示。

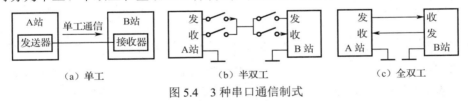

图 5.4　3 种串口通信制式

单工制式：传输线的一端接发送器，另一端接接收器，数据只能按照一个固定的方向传送。

半双工制式：通信系统的每个通信设备都由一个发送器和一个接收器组成。在这种制式下，数据可以从 A 站传送到 B 站，也可以从 B 站传送到 A 站，但不能同时在两个方向上传送，即只能一端发送，另一端接收，其收、发开关一般是由软件控制的电子开关。

全双工制式：通信系统的每端都有发送器和接收器，可以同时发送和接收数据，即数据可以在两个方向上同时传送。

5.1.5　串口工作流程

（1）串口发送流程（见图 5.5）。

① 操作人员手动设定波特率并将待发送的数据写入发送缓冲器（SBUF）。

② 单片机在时钟的控制下自动将发送 SBUF 中的数据逐位从发送端进行串行发送。

③ 单片机发送完一个单位的数据之后将中断标志位 TI 置高电平，告知操作人员发送过程结束，等待下一步操作。

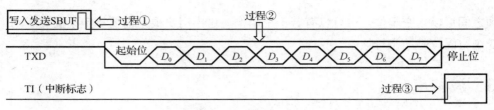

图 5.5　串口发送流程

（2）串口接收流程（见图 5.6）。

① 操作人员手动设定波特率并控制特殊寄存器，使单片机进入接收状态。

② 单片机在接收端检测到数据之后，自动将数据存入接收 SBUF 中。

③ 单片机在接收完一个单位的数据之后将中断标志位 RI 置高电平，告知操作人员接收过程结束，等待下一步操作。

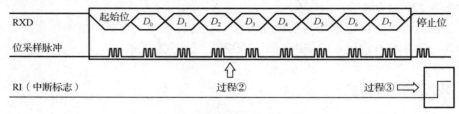

图 5.6　串口接收流程

5.1.6　接口电路

1. RS-232 接口

RS-232 接口是电子工业联盟制定的串行数据通信的接口标准，原始编号全称是 EIA-RS-232（简称 RS-232）。它广泛用于计算机的串口外设连接。通常，RS-232 接口以 9 个引脚（DB-9）或 25 个引脚（DB-25）的形态出现，目前 DB-9 形态的 RS-232 接口 RS-232（DB-9）使用更为广泛。

RS-232 接口（以常用的 DB-9 形态为例）定义如图 5.7 所示。

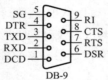

DB-9

1（DCD）—载波检测；2（RXD）—接收数据；3（TXD）—发送数据；4（DTR）—数据终端准备好；

5（SG）—信号地；6（DSR）—数据准备好；7（RTS）—请求发送；8（CTS）—清除发送；9（RI）—振铃提示。

图 5.7　RS-232 接口定义

RS-232（DB-9）接口有 9 个引脚，但对 Arduino 单片机串口通信而言，常用的引脚只有 3 个［2（RXD）—接收数据、3（TXD）—发送数据、5（SG）—信号地］。两个设备想通过 RS-232 接口进行通信，只需将设备 1 的 RXD/TXD/SG 接口和设备 2 的 TXD/RXD/SG 接口对应相连即可，如图 5.8 所示。

图 5.8　RS-232（DB-9）接口连接图

2. 与单片机连接

由于本书使用的 Arduino UNO 与个人计算机的通信采用的是 USB 接口，因此采用 PL2303 USB 转串口芯片来实现单片机串口通信，如图 5.9 所示。该器件内置 USB 功能控制器、USB 收发器、振荡器和带有全部调制解调器控制信号的 UART（通用异步收发器），可实现 USB 信号与 RS-232 信号的转换，方便嵌入各种设备。采用 PL2303 USB 转串口芯片，设计简洁，去除了笨重的 9 针串口接口，节省了开发板的面积。

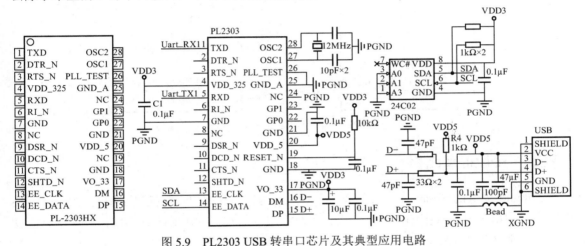

图 5.9　PL2303 USB 转串口芯片及其典型应用电路

5.2　Arduino 的串口

在了解了串口的详细工作原理和接口电路之后，接下来介绍利用 Arduino 实现串口通信的方式。

5.2.1　Arduino 串口引脚

串口采用串行比特流方式发送数据。因为每次发送 1bit 数据，所以串口通信只需两根传输线，一根用来发送数据，另一根用来接收数据。

Arduino 的串口使用两个数字接口。默认情况下，在所有的 Arduino 型号中，数字接口 0 用于接收（RX），数字接口 1 用于发送（TX）。因为通常 Arduino 采用串口下载程序，所以方便起见，开发者一般使用 USB 转串口芯片，如上面介绍的 PL2303，使 Arduino 通过 USB 接口直接与计算机相连。

  这里需要注意的是，由于 USB 串口采用数字接口 0 和 1，因此，一旦执行 Serial.begin() 函数，将串口初始化为向串口监视器输出信息后，这两个数字接口就不能再被用于数字输入或输出功能，必须使用 Serial.end() 函数停用串口，只有这样，才能将这两个数字接口切换回原有功能。

  因为串口使用两个独立的引脚，所以当连接其他设备时需要注意，如果连接到另外一个 Arduino 串口或其他设备的串口，则 Arduino 的接收引脚必须连接到其他设备的发送引脚，Arduino 的发送引脚必须连接到其他设备的接收引脚，如图 5.10 所示。

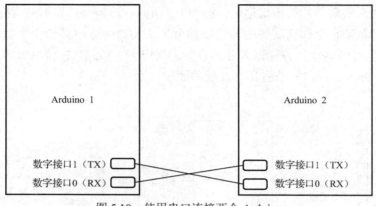

图 5.10 使用串口连接两个 Arduino

5.2.2 Serial 库函数

  Arduino 提供的 Serial 库函数如表 5.1 所示，为使用其串口功能提供了便利。Serial 库不仅提供了向串口发送数据的函数，还提供了从串口读取数据的函数。这样就可以从串口监视器中读取数据到程序，这是一种将外部数据发送至程序的好方法，有时也是调试的好方法。

表 5.1 Arduino 提供的 Serial 库函数

函　　数	描　　述
available()	返回可以从串口读取数据的字节数
begin(rate[, config])	设置串口的速率（Baud）、数据位数、奇偶校验位和停止位等参数
end()	禁用串口
find(string)	从串口读取数据，直到找到 string 字符串；如果找到 string 字符串，则返回 true
findUntil(sting, terminal)	从串口读取数据，直到找到 string 字符串，或者遇到 terminal 字符串
flush()	等待，直到所有数据从串口发出
parseFloat()	从串口返回第一个有效的浮点数
parseInt()	从串口返回第一个有效的整数
peek()	从串口返回下一个字节，但是不从接口缓冲区中移出
print(text)	向串口输出 ASCII 码字符串
println(text)	向串口发送 ASCII 码字符串，并跟上回车与换行
read()	返回串口首个输入数据，如果没有数据，则返回−1

续表

函　　　数	描　　　述
readBytes(buffer, length)	返回 length 字节的输入数据到 buffer 数组，如果没有数据，则返回 0
readBytesUntil(char, buffer, length)	从串口读取 length 字节数据到 buffer 数组，如果检测到 char 字符，则函数终止
setTimeout(time)	设置调用 readBytes()或 readBytesUntil()函数等待串口数据的时长，单位为 ms。默认时长为 1000ms
write(val)	向串口发送 val 字符串

下面对 Serial 库中的常用函数进行简要介绍。

（1）通信初始化。

串口在开始通信时，需要调用 Serial.begin(rate[, config])函数，该函数将相关数字接口初始化为串口模式，并设置串口的通信参数。其中，第一个参数是必需的，用来设置串口的波特率。Arduino 串口支持最高 115200Baud 的波特率，必须保证发送端和接收端的波特率一致。Arduino IDE 的串口监视器通常使用 9600Baud 的波特率。第二个参数是可选的，定义了数据位数、奇偶校验位和停止位长度。如果忽略该参数，那么串口将默认工作在 8 位、无奇偶校验位和 1 个停止位的模式下，这也是大多数串口设备使用的模式。

（2）发送数据。

串口发送数据使用 3 个函数：Serial.print()、Serial.println()、Serial.write()。

Serial.print()函数以 ASCII 码格式发送数据。一般情况下，都是用 ASCII 码格式来显示数据的，Arduino IDE 的串口监视器也采用该方式。对于数字，可以通过第二个参数指定其输出格式：BIN 为二进制格式，DEC 为十进制格式，HEX 为十六进制格式，OCT 为八进制格式。默认进制为十进制。

Serial.println()函数在 Serial.print()函数功能的基础上，在输出结束时增加回车和换行字符，因此在输出窗口可以另起一行。

Serial.write()函数可以向串口发送 1B 的原始数据，没有任何格式。

（3）接收数据。

Arduino 串口包含一个缓冲区，在 RX 引脚接收数据时用来存放数据，最多存放 64B 的数据，这样就为接收数据提供了一定程度的灵活性。

程序中可以使用 Serial.read()函数，每次从缓冲区获取一个字节。每从缓冲区读取一个字节，Arduino 就会从缓冲中移出该字节，剩余字节整体移位。也可以一次从缓冲中读取多个字节。使用 Serial.readBytes()函数可以将指定数量的数据从缓冲区移动到用户定义的数组中。Serial.readBytesUntil()函数读出缓冲区中的数据，直到检测到特定字符。这对于每次在输入回车后才处理数据的情况非常有用。

Serial.parseInt()或 Serial.parseFloat()函数提供了一种从串口读取整型或浮点型数值的方法。后面将会具体介绍如何将数值数据通过串口发送给程序，并使用 Serial.parseInt()函数来读取。

5.3　串口控制 LED 的闪烁频率

5.3.1　流程图

通过串口监视器向运行程序发送数据，以控制 LED 的闪烁频率。这里的程序使用了连接在 Arduino UNO 的数字接口 13 上的内置 LED，因此无须搭建外部电路。串口通信程序流程图如图 5.11 所示。

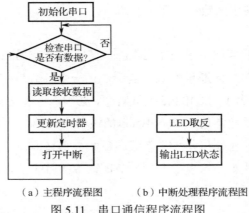

（a）主程序流程图　　　（b）中断处理程序流程图

图 5.11　串口通信程序流程图

5.3.2　程序设计

```
...
#include <TimerOne.h>
int state = 0;
int value;

long int newtime;
void setup() {
    Serial.begin(9600);
    pinMode(13, OUTPUT);
    digitalWrite(13, state);
    Serial.println("Input a blink rate:");
}
void loop() {
    if (Serial.available()) {
        value = Serial.parseInt();
        Serial.print("The blink rate is: ");
        Serial.println(value);
        Serial.println("Input a blink rate:");
        newtime = value * 1000000;
        Timer1.initialize(newtime);
        Timer1.attachInterrupt(blinkme);
    }
```

```
}
void blinkme() {
    state = ~ state;
    digitalWrite(13, state);
}
```

程序中使用 Serial.available()函数检测串口缓冲区中是否有可用数据,使用 Serial.parseInt()
函数获取数据并转换为整型数值。另外,程序中还使用时钟中断来改变 Arduino 点亮和关闭
LED 的频率。

5.4　串口控制 RGB-LED 的颜色

5.4.1　RGB-LED 的工作原理

RGB-LED 是 RGB 发光二极管,四脚三色,它其实就是 3 个 LED 封装在一个 LED 中:
一个红的、一个绿的、一个蓝的,有共阴极和共阳极两种形式。通过控制 3 个 LED 的组合发
出不同亮度的光来合成最终 LED 发出相应颜色的光。

图 5.12 所示为 RGB-LED 实物图,一般最长的引脚为公共端。
这里通过万用表的发光二极管挡测出所用 RGB-LED 为共阳极形式。
在图 5.12 中,从左到右依次为红灯阴极、共阳极、绿灯阴极和蓝灯
阴极。

关于 LED 的工作原理,已经在第 3 章介绍过,这里不再赘述。

为使 LED 发出不同亮度的光,可以用 PWM 波进行控制,即通
过改变 PWM 波的占空比来控制 LED 的亮度。PWM 是一种模拟控
制方式,其根据相应载荷的变化来调制晶体管基极或 MOS 管栅极的

图 5.12　RGB-LED 实物图

偏置,以此来实现晶体管或 MOS 管导通时间的改变,是利用微处理器的数字信号对模拟电路
进行控制的一种非常有效的技术。

如果觉得难以理解,则可以认为数字 I/O 口输出高电平为 1,当 PWM 波的占空比为
100%时,输出电平一直为 1。换句话说,PWM 波的平均值由占空比决定。如果 PWM 波的占
空比是 50%,那么其平均值为 0.5;同理,如果 PWM 波的占空比是 49%,那么其平均值为
0.49。依次类推,从而使数字 I/O 口能输出 0～1 的"模拟值"。

因此,将模拟值(PWM 波)输出到引脚可用于在不同的光线亮度下调节 LED 的亮度或
以不同的速度驱动电机。调用 Arduino 封装的 analogWrite()函数后,可以使引脚产生一个指定
占空比的稳定方波,直到下一次调用 analogWrite()函数[或在同一引脚调用 digitalRead()或
digitalWrite()函数],发出的 PWM 的信号频率约为 490Hz。

5.4.2　系统连接

由于所用 RGB-LED 共享同一个阳极,因此应将较长的引脚,即 RGB-LED 的共阳极通过

杜邦线连接至 Arduino UNO 的 5V 或 3V3 引脚（见图 5.13），并将 RGB-LED 的其余 3 个引脚（均为阴极，一个引脚连接一个颜色的 LED）分别连接到 Arduino UNO 的数字接口 9、10、11。将共阳极引脚略微弯曲来固定 RGB-LED，但请确保不碰到其他 3 个引脚，否则会引起短路。

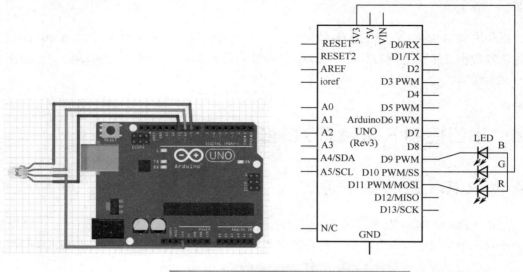

图 5.13　RGB-LED 与 Arduino UNO 的连接图

5.4.3　流程图

现在已经连接好电路部分了，接下来需要解决在微控制器和 LED 之间使用何种通信协议进行通信的问题。例如，以下这个通信协议就非常简单。

（1）选择被控制的 LED 的颜色，以该颜色的首字母小写进行发送（r、g、b）。

（2）设置该颜色的亮度，以数字发送，从 0 到 9。

举个例子，要设置红色的亮度为 5、绿色的亮度为 3、蓝色任意亮度（0～9），需要发送 r5g3b7。

本实例中的协议要多简单有多简单。然而，此时仍然需要给微控制器写一段程序，使之一次读取一个字节的数据，并根据每个字节的值来决定进行何种操作。

根据以上分析，得到如图 5.14 所示的 RGB-LED 程序流程图。

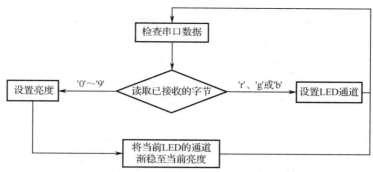

图 5.14　RGB-LED 程序流程图

5.4.4　程序设计

根据之前对 Arduino 串口的相关介绍，Arduino 程序只有 setup()函数和 loop()函数。结合本章例子，串口及 I/O 口的初始化应该写在 setup()函数中；串口不断接收计算机的指令，并将其放在 loop()函数中，相应的逻辑判断也应该放于其中。以下是程序代码：

```
/*
串口 RGB-LED 控制器
环境：Arduino
分别控制 RGB-LED 的 3 种光，其 R、G、B 三个引脚已分别连接到数字接口 11、10、9。
*/
//放置输出接口编号的常量
const int bluePin = 9;
const int greenPin = 10;
const int redPin = 11;

int currentPin = 0;        //当前接口所连接的 LED 将暗去
int brightness = 0;        //当前接口所连接的 LED 的亮度
int redByte = '0';
int greenByte = '0';
int blueByte = '9';

void setup() {
//初始化串口通信
    Serial.begin(9600);
//设置 RGB-LED 的 3 个阴极引脚为输出模式
    pinMode (redPin, OUTPUT);
    pinMode (greenPin, OUTPUT);
    pinMode (bluePin, OUTPUT);
}

void loop() {
    //如果在缓冲区中有串口数据，就读取一个字节的数据
    if (Serial.available() > 0) {
        int inByte = Serial.read ();
    //反馈一个'r'、'g'、'b'中的值，或者'0'~'9'的数值
```

```
        if (inByte == 'r') {
            currentPin = redPin;
        }
        if (inByte == 'g') {
            currentPin = greenPin;
        }
        if (inByte == 'b') {
            currentPin = bluePin;
        }
        if (inByte >= '0' && inByte <= '9') {
            //将读入的字节值映射到 analogRead()范围指令
            brightness = map (inByte, '0', '9', 0, 255);
            //设置当前接口，显示当前亮度
            analogWrite (currentPin, 255-brightness);
        }
    }
}
```

请注意，为什么输入的字符会放在一个单引号里呢？这是因为使用了这些字符的 ASCII 码。ASCII 码是赋予字母和数字以数字型的一种协议。举个例子，字母 r 的 ASCII 码是 114，数字 0 的 ASCII 码是 48。将字符放在一个单引号里，就是让 Arduino 使用该字符的 ASCII 码，而不是使用字符本身。例如：

```
brightness = map (inByte, '0', '9', 0, 255);
```

也可以写作：

```
brightness = map (inByte, 48, 57, 0, 255);
```

因为使用了 ASCII 码，所以字符 0 就代表 48 这个数值，字符 9 就代表 57 这个数值。其实并不强求一定在单引号中使用字符，而不使用其对应的确切值。但是前者的表述方式更便于阅读。在上述示例中，前者使用 ASCII 码来给 map 赋值，而后者则使用字符本身的值。

5.4.5　烧写

将程序烧写到 Arduino UNO 中，由于上电后 I/O 引脚都为高电平，因此相当于 r9g9b9 的状态，根据光三原色合成原理，RGB-LED 会发白光。实际中由于制作材料、工艺等问题，其发出的光不是纯白光，而偏紫，如图 5.15 所示。

单击软件右上方的"串口监视器"按钮，打开串口监视器，输入 r9g0b0 后单击"Send"按钮，会看到 RGB-LED 发红光，如图 5.16 所示。

输入 r1g9b0，红光会暗下来而绿光亮起，如图 5.17 所示。

输入 g0r0b8，蓝光亮起，如图 5.18 所示。

至此，完成了一个可串口控制的 RGB-LED。

如果读者的 RGB-LED 发出的光的颜色和输入的颜色不匹配，那么读者使用的 RGB-LED 的型号可能不是这里所使用的型号，因此其引脚序号也会有所不同。此时，只需在程序中调整 RGB-LED 的引脚序号即可。

图 5.15　RGB-LED 上电后的现象

图 5.16　RGB-LED 发红光

图 5.17　RGB-LED 发绿光

图 5.18　RGB-LED 发蓝光

5.4　小结

　　本章首先介绍了串口通信及 Arduino 提供的 Serial 库函数，对 Serial 库中的常用函数做了较为详细的说明；然后以一个简单的例子介绍了如何通过 Arduino 串口通信控制 LED 的闪烁频率；最后基于 Arduino 制作了一个可串口控制的 RGB-LED。在该过程中，制定了简单的通信协议实现计算机与 Arduino 之间关于控制 RGB-LED 的通信，Arduino 根据收到的计算机指令，采用 PWM 的方式控制不同的 LED 发出不同亮度的光；同时，通过控制指令使 RGB-LED 发出相应颜色的光。

第 6 章

Arduino 之按键与矩阵键盘

在第 4、5 章中，学习了如何控制 Arduino 数字 I/O 的输出，从而控制 LED 的亮灭。本章学习 Arduino 数字 I/O 口是如何检测输入的，并将 Arduino 的 I/O 功能结合起来，做一个通过按键控制 LED 的实验。

本章实现功能：

1. 用 Arduino UNO 和独立按键控制一个 LED 的亮灭。
2. 用 Arduino UNO 和 4×4 矩阵键盘实现矩阵按键识别按键。

6.1 按键检测原理

不同于 LED 和数码管，按键是输入设备，就像计算机的键盘一样。输入设备大大增加了 Arduino 和计算机的交互性。Arduino 用的大多数按键或键盘都是机械弹性开关。按键共有 4 个引脚，引脚 1、3 导通，引脚 2、4 导通，中间通过一个开关连接。这里读者或许会有疑问，对一个按键而言，为什么它会有 4 个引脚，只需 2 个引脚控制导通不就可以了吗？这是因为 Arduino 电源采用 DC 5V，并且 Arduino 实验常用杜邦线进行连接，其抗干扰能力差，需要用一个多余的引脚接上拉电阻或下拉电阻，以增强其抗干扰能力。图 6.1 所示为常见的按键及其电路图。

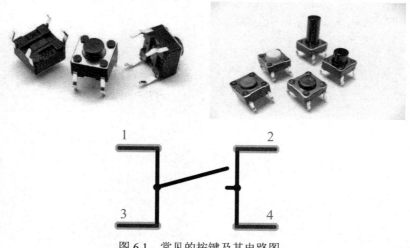

图 6.1 常见的按键及其电路图

6.1.1　Arduino 之按键

　　按键与 Arduino 的连接有独立按键连接和矩阵键盘连接两种方式。其中，最简单的是独立按键连接方式。它可以由上拉电阻和下拉电阻两种电路实现。这里以上拉电阻电路为例，如图 6.2 所示，按键未按下时，上拉电阻接 VCC 无电流流过，故其连接的 Arduino 数字 I/O 口为高电平状态。按键按下时，上拉电阻有电流通过，产生压降，故其连接的 Arduino 数字 I/O 口为低电平状态。因此，通过读取 Arduino 数字 I/O 口是否为低电平来判断按键是否按下。

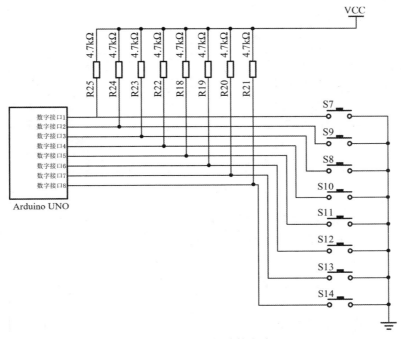

图 6.2　独立按键连接方式

　　独立按键连接方式简单，适用于按键数量少、Arduino 空余引脚多的场合。不过，其缺点也是显而易见的，由于一个独立按键消耗一个数字 I/O 口，因此，当需要按键数量较多时，Arduino 的数字 I/O 口资源不足，这时就需要使用矩阵键盘了。

6.1.2　Arduino 之矩阵键盘

　　相比于独立按键连接方式，矩阵键盘连接方式较为复杂，按键以行列整齐分布，按键两端均连接 Arduino 的数字 I/O 口，即按键位于行、列线的交叉点上，如图 6.3 所示。由图 6.3 可知，一个 4×4 的行、列结构可以构成一个含有 16 个按键的矩阵键盘。

　　矩阵键盘的优势在于它适用于按键需求较多的场合，如计算器等。图 6.3 所示的连接方式大大节省了 Arduino 的数字 I/O 口资源。例如，需要 N 个按键，独立按键连接方式需要 N 个数字 I/O 口，而矩阵键盘连接方式则只需 $\sqrt{N}$ 个数字 I/O 口。

　　矩阵键盘的检测通常有扫描法和反转法，依据的原理是判断按键两端电平是否相等。扫描法有列扫描和行扫描，这里以 4×4 矩阵键盘行扫描法为例。行扫描法指矩阵键盘的行线一直由 Arduino 输出，列线一直由矩阵键盘输出（对应 Arduino 的输入），用于检测矩阵键盘的状态。行扫描法主要分两步操作。第一步，将全部行线置低电平，并检测列线的状态。只要有一列的电平为低电平，就说明矩阵键盘中有按键被按下，而且被按下的按键位于低电平列线与 4 根行线交叉的 4 个按键中。若所有列线均为高电平，则矩阵键盘中无按键被按下。第二步，在确认有按键被按下后，即可进入确定具体的被按下的按键的过程。具体的方法是，依次将行线置低电平，即在置某行线为低电平时，其他行线均为高电平。在确定某行线为低电平后，逐行检测各列线的状态。若某列线为低电平，则该列线与被置低电平的行线交叉处的按键就是被按下的按键。

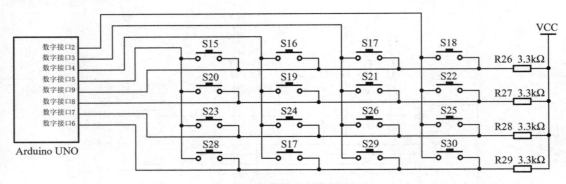

图 6.3　矩阵键盘连接方式

　　矩阵键盘扫描法实现的成本较低，对于较小规模的矩阵键盘是合适的，但是它需要逐一扫描每个按键，随着矩阵键盘规模的增大，扫描的效率就会降低，这时使用反转法来进行矩阵键盘的扫描。

　　反转法，顾名思义，即行、列线既可以作为矩阵键盘的输入，又可以作为矩阵键盘的输出进行状态检测。这里仍以 4×4 矩阵键盘为例，将所有行线置低电平，检测各列线的状态，若有列线为低电平，则说明该列线上的 4 个按键有按键被按下；若所有列线都为高电平，则说明矩阵键盘没有按键被按下。在检测到有按键被按下的基础上，将行、列线的工作方式反转，即将所有列线置低电平，检测各行线的状态，若有行线为低电平，则说明该行线上的 4 个按键有按键被按下。通过上述两次扫描，可以得到按键被按下的行、列，故可以十字定位被按下的按键的位置。

　　Arduino 中提供了 Keypad 库函数，用于降低扫描的复杂度，并且能够防抖，故可以使用该库函数实现矩阵键盘实验。

　　常见的矩阵键盘如图 6.4 所示。

图 6.4　常见的矩阵键盘

6.1.3　按键消抖

如果没有进行按键消抖操作，则用 if 语句直接检测按键状态。例如，用独立按键控制 LED 的亮灭，程序运行后，按下按键，发现 LED 会迅速地在亮灭之间不停地取反，并最终稳定下来，但最终稳定下来是亮还是灭仍然是不确定的。出现这种现象的原因是 Arduino 单片机的引脚似乎检测到了按键多次被按下，导致 LED 引脚不停地取反，从而亮灭交替，但我们明明只按了一次按键。

实际上，由于不是理想按键，因此在按下按键的瞬间，按键引脚输入的波形是非理想的。前面讲到，按键是机械弹性开关，当按键被按下或释放时，由于机械弹性作用的影响，活动触点击打固定触点会有机械振动，造成输出波形抖动，如图 6.5 所示。抖动时间的长短与开关的机械特性有关，一般为 5～10ms。如果不做按键消抖处理，则 Arduino 单片机的引脚会错误地检测到按键多次被按下，从而出现一次按键多次响应的现象。因此，按键消抖是必要的。

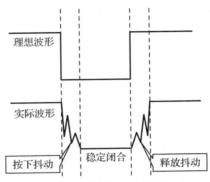

图 6.5　按键被按下时波形抖动

按键消抖有硬件消抖和软件消抖两种。硬件消抖是指在按键输入通道上加入专门的消抖动电路，如添加对地滤波电容，利用电容两端电压不能突变的特性减少抖动杂波，实现按键消抖。

软件消抖是指在检测到按键被按下时，延时后判断该按键电平是否仍保持闭合状态电平，这样就可以保证一次按键一次响应。由于人的按键速度与单片机的执行速度相比要慢得多，因此软件消抖在技术上完全可行，而且它更加经济实惠，于是软件消抖越来越多地被采用。Arduino 可利用 delay() 函数和 bounce2 库实现软件消抖。

delay() 函数就是延时函数，输入参数以 ms 为单位。程序执行中遇到这个函数时，等待设定的时间后进入下一行代码。软件消抖可以利用该函数等待 10ms 后再次读取按键状态，实现按键消抖：

```
delay(10);
```

Arduino 的 bounce2 库也可以实现按键消抖。按键被按下时，不让 CPU 立即处理指令，而是等待一个时间间隔，先让按键信号稳定下来，再进行判断处理。首先实例化一个 Bounce 对象；然后在 setup() 函数中利用 attach() 函数设置引脚模式为输入上拉（INPUT_PULLUP）模式，并利用 interval() 函数设置消抖间隔；接着在 loop() 函数中调用 update() 函数来读取按键状态；最后通过 fell() 函数判断按键是否被按下，若被按下，则改变 LED 的状态。程序代码如下：

```
#include <Bounce2.h>
#define BUTTON_PIN 2
#define LED_PIN 13
int ledState = LOW;
Bounce debouncer = Bounce(); //实例化 Bounce 对象
void setup() {
  debouncer.attach(BUTTON_PIN,INPUT_PULLUP); //设置引脚模式为输入上拉模式
  debouncer.interval(10); //设置消抖间隔为10ms
  pinMode(LED_PIN,OUTPUT);
  digitalWrite(LED_PIN,ledState);
}
void loop() {
  debouncer.update(); //更新 Bounce 实例
  if ( debouncer.fell() ) { //判断按键是否被按下
    ledState = !ledState; //更改按键状态
    digitalWrite(LED_PIN,ledState); //LED 状态更新
  }
}
```

6.2　独立按键功能实现

利用 Arduino UNO 和独立按键控制一个 LED 的亮灭。

6.2.1　系统连接

LED 连接 Arduino UNO 数字接口 2，独立按键的 3 个引脚分别连接 Arduino UNO 数字接口 12、DC 5V 及下拉电阻接地端。系统连接示意图如图 6.6 所示。

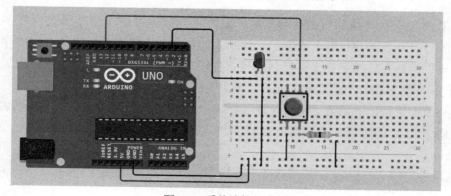

图 6.6　系统连接示意图

6.2.2　流程图

独立按键控制一个 LED 的亮灭的流程图如图 6.7 所示。在循环中判断按键引脚是否为高电平，若为高电平，则延时 10ms 后再次进行判断。延时不仅可以实现按键消抖，还可以确定

按键的确被按下了。若按键引脚仍为高电平，则点亮 LED，持续 10ms 后熄灭。

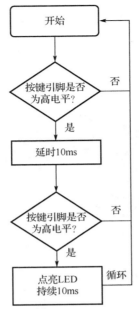

图 6.7　独立按键控制一个 LED 的亮灭的流程图

6.2.3　程序设计

根据流程图，我们给出利用下拉电阻实现独立按键控制一个 LED 的亮灭的程序代码：

```
#define BUTTON 12
#define LED 2
void setup()
{
  pinMode(BUTTON, INPUT);           //外接下拉电阻
  pinMode(LED, OUTPUT);
}

void loop()
{
  if(digitalRead(BUTTON) == HIGH)   //第一次检测到按键被按下
  {
    delay(10);                      //延时消抖
    if(digitalRead(BUTTON) == HIGH) //确定按键的确被按下
    {
      digitalWrite(LED, HIGH);      //点亮 LED
      delay(10);
      digitalWrite(LED, LOW);       //熄灭 LED
    }
  }
}
```

6.2.4 烧写

将上述程序烧写到 Arduino UNO 中并运行，当按键被按下一次时，可以观察到 LED 闪烁一次，实现了利用独立按键控制一个 LED 的亮灭，如图 6.8 所示。

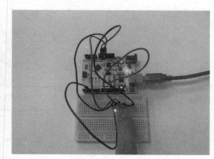

图 6.8 实物现象

6.3 矩阵键盘功能实现

利用 Arduino UNO 和矩阵键盘，使用行列扫描法实现矩阵键盘的按键识别，并将结果通过串口输出。

6.3.1 系统连接

矩阵键盘与 Arduino UNO 的连接示意图如图 6.9 所示，Arduino UNO 的数字接口 5～2 分别连接矩阵键盘的第 1～4 列扫描接口，数字接口 9～6 分别连接矩阵键盘的第 1～4 行扫描接口。

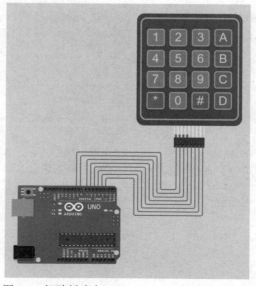

图 6.9 矩阵键盘与 Arduino UNO 的连接示意图

6.3.2　流程图

这里利用 Arduino UNO 的 Keypad 库实现矩阵键盘的按键识别，结合矩阵键盘与 Arduino UNO 的连接方式，给出如图 6.10 所示的流程图。

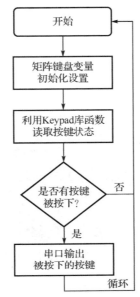

图 6.10　矩阵键盘的按键识别流程图

6.3.3　程序设计

根据流程图，Arduino UNO 利用 Keypad 库实现矩阵键盘的按键识别的程序代码如下：

```
#include<Keypad.h>//Keypad 库
const byte ROWS = 4;//4 行
const byte COLS = 4;//4 列
char keys[ROWS][COLS] =
{
  {'1','2','3','A'},
  {'4','5','6','B'},
  {'7','8','9','C'},
  {'*','0','#','D'}
};//矩阵键盘
byte rowPins[ROWS] = {9,8,7,6};//连接到矩阵键盘的行输出
byte colPins[COLS] = {5,4,3,2};//连接到矩阵键盘的列输出
Keypad keypad = Keypad(makeKeymap(keys),rowPins,colPins,ROWS,COLS);
void setup()
{
  Serial.begin(9600);
}
void loop()
{
  char key = keypad.getKey();
```

```
if(key)//若有字符
{
  Serial.print("Key Pressed: ");
  Serial.println(key);//则将得到的字符数送到串口
}
}
```

6.3.4　烧写

对系统进行连接，如图 6.11 所示。将上述程序烧写到 Arduino UNO 中并运行，按下矩阵键盘的"7"，串口监视器窗口中显示按下的按键为"7"，如图 6.12 所示。

图 6.11　矩阵键盘按键检测系统连接实物图

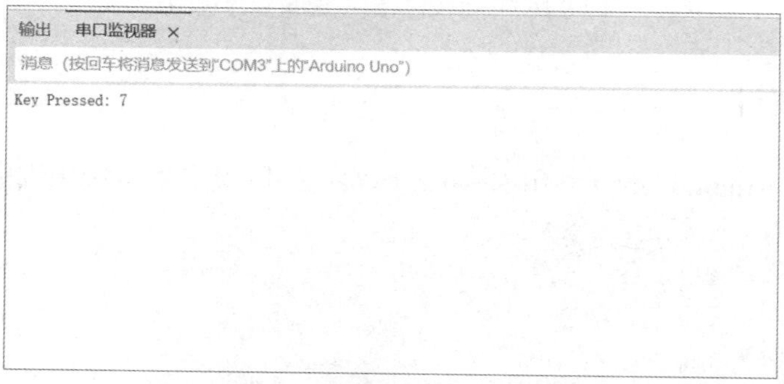

输出　串口监视器 ×

消息（按回车将消息发送到"COM3"上的"Arduino Uno"）

Key Pressed: 7

图 6.12　串口监视器窗口中显示按下的按键为"7"

6.4　小结

本章介绍了 Arduino UNO 如何应用数字 I/O 口输入进行按键检测并控制输出 LED 和矩阵键盘。按键与 Arduino UNO 有两种连接方式：独立按键连接和矩阵键盘连接。其中，独立按键连接方式简单，但数字 I/O 口资源浪费较严重，适用于按键数量少、空余引脚多的场合；矩阵键盘连接方式能大大节省数字 I/O 口资源，适用于按键需求较多的场合。同时，分别介绍了这两种连接方式的检测原理，其中重点介绍了矩阵键盘的扫描检测原理。此外，在进行按键检测时，还需要做按键消抖处理，避免一次按键多次响应。本章最后的应用实例给出了独立按键和矩阵键盘的检测程序。

第 7 章

Arduino 控制数码管

第 6 章成功使用独立按键和矩阵键盘点亮了 LED，本章点亮数码管。数码管是常用的显示器件，"8" 字型数码管是最常见的一种数码管。本章着重介绍 "8" 字型数码管的显示原理，分别讲解静态显示和动态显示两种驱动数码管的方式，并为这两种方式各附一个实例，帮助读者进行实际操作。

本章实现功能：

1. 数码管静态显示：让单个数码管显示 0～9。
2. 数码管动态显示：让两个数码管分别显示 2 和 3。

7.1　数码管的工作原理

数码管由数个 LED 组成，与单个 LED 相比，数码管可以传递更加丰富的信息。生活中，我们可以随处看见数码管的身影，如图 7.1 所示。

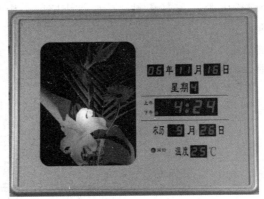

图 7.1　数码管在生活中随处可见

"8" 字型数码管是由 7 个 LED 组成的 "8" 字型结构，再加一位小数点构成 8 段，通过不同的组合可以显示数字 0～9、字符 A～F 及小数点。这 8 段分别用字母 a、b、c、d、e、f、g、dp 来表示，如图 7.2 所示。其中，COM 为公共端，根据共阴极或共阳极接法接 VCC 或接地。图 7.3 所示为各种数码管实物图。

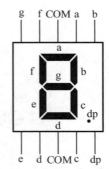

图 7.2　"8"字型数码管的引脚

图 7.3　各种数码管实物图

7.1.1　LED 的两种接法

数码管根据 LED 的接法不同可分为共阴极和共阳极两类，其本质区别在于 8 个 LED 的公共端是接 VCC 还是接地，下面逐一阐述。

1.　共阳极数码管

如图 7.4 所示，共阳极数码管内部的 8 个 LED 的阳极全部连接在一起，通常公共端接高电平（一般接电源），其他引脚接段驱动电路的输出端。当某段驱动电路的输出端为低电平时，则该段所连接的字段导通并点亮，根据发光字段的不同组合，可显示出不同的数字或字符。此时要求段驱动电路能吸收额定的字段导通电流，还需要根据外接电源及额定字段导通电流来确定相应的限流电阻。

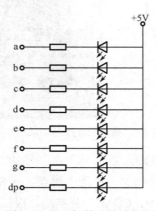

图 7.4　共阳极数码管连接图

例如，想令共阳极数码管显示数字 8，可向 a～g 七个 LED 的阴极送低电平，点亮 a～g

七个 LED；向 dp LED 的阴极送高电平，使小数点不显示。

可见，数码管显示不同字符时需要不同的编码，常见的编码方式是将 8 位二进制码转换为 2 位十六进制码。共阳极数码管编码如表 7.1 所示。

表 7.1　共阳极数码管编码

编码	0xc0	0xf9	0xa4	0xb0	0x99	0x92
字符	0	1	2	3	4	5
编码	0x82	0xf8	0x80	0x90	0x88	0x83
字符	6	7	8	9	A	B
编码	0xc6	0xa1	0x86	0x8e	0xff	—
字符	C	D	E	F	无	—

2．共阴极数码管

共阴极数码管的结构与共阳极数码管的结构相似，但是其公共端是由 8 个 LED 的阴极连接在一起构成的，通常公共端接低电平（一般接地），其他引脚接段驱动电路的输出端，如图 7.5 所示。由图 7.5 可知，当给某 LED 的阳极送高电平时，该 LED 点亮；若给阳极送低电平，则该 LED 不亮。

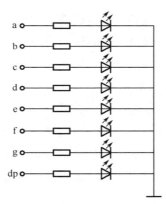

图 7.5　共阴极数码管连接图

相应地，令共阴极数码管显示数字"8"，此时与共阳极数码管相反，即只需向 a～g 七个 LED 的阳极送高电平，向 dp LED 的阴极送低电平即可。共阴极数码管编码如表 7.2 所示。

表 7.2　共阴极数码管编码

编码	0x3f	0x06	0x5b	0x4f	0x66	0x6d
字符	0	1	2	3	4	5
编码	0x7d	0x07	0x7f	0x6f	0x77	0x7c
字符	6	7	8	9	A	B
编码	0x39	0x5e	0x79	0x71	0x00	—
字符	C	D	E	F	无	—

7.1.2　两种显示方式

数码管按驱动方式可分为静态显示和动态显示，其控制方式也不相同。

1．静态显示

静态显示是指数码管显示某一字符时，相应的 LED 恒定导通或恒定截止。

采用静态显示，较小的电流即可获得较高的亮度，显示稳定，且占用 CPU 时间少，编程简单，便于检测和控制。但若使用静态显示控制 n 个数码管，则需要使用 $8n$ 个 I/O 口，占用的 I/O 口多，成本高，因此静态显示只适用于显示位数较少的场合。

2．动态显示

动态显示是指以较高的频率循环交替点亮多个数码管，达到同时显示多个数字的效果。它利用了 LED 的余晖效应和人眼的视觉暂留现象。数码管使用的 LED 存在极间电容，使得其被点亮后，即使完全断开电源，LED 两端电压也不会立即消失，从而继续点亮 LED，这就是 LED 的余晖效应。数码管使用的 LED 的余晖的持续时间一般为 $1 \sim 10ms$。

视觉暂留现象也会帮助我们看到连贯图像。通常对于扫描周期在 40ms 以内的闪烁图像，人眼无法察觉其闪烁，即人们在视觉上认为图像是连贯的。

利用上述两个特性，快速逐个点亮一组数码管，即使每次真正点亮的数码管只有一个，人们也会误以为是多个数码管同时点亮，从而达到动态显示的目的。

由于设计中要求对数码管进行扫描显示，因此读者可能会问：扫描的频率需要高到什么程度，人眼才感觉不到数码管闪烁呢？根据工程经验，使用动态显示方式，需要在 10ms 以内完成一次全部数码管的扫描。也就是说，只要刷新率高于 100Hz，即刷新周期小于 10ms，就可以做到人眼对于闪烁无法察觉。另外，每个数码管点亮的时间不能太长。我们知道，刷新周期等于单个数码管的点亮时间乘以数码管的个数，而刷新周期是刷新率的倒数，因此点亮时间太长会影响刷新率，导致数码管闪烁；时间太短，LED 的电流导通时间短，会影响显示亮度。通常每个数码管通电的时间控制在 1ms 左右。

采用动态显示方式比较节省 I/O 口，但此时 LED 的亮度比不上静态显示方式时 LED 的亮度，而且在显示位数较多时，CPU 要依次扫描，会占用 CPU 较多时间。

7.2　静态显示实现

令单个数码管循环显示数字 0～9，数码管采用共阴极接法。

7.2.1　系统连接

将数码管的 a～g 和 dp 引脚分别接入 Ardunio UNO 数字接口 4～11，数码管公共端接地，如图 7.6 所示。

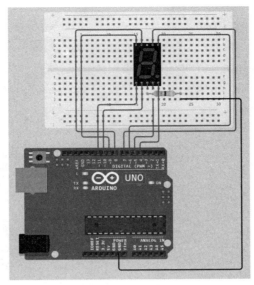

图 7.6　数码管静态显示系统连接示意图

7.2.2　流程图

数码管依次显示数字 0～9，数字确定后，查表点亮数码管对应的 LED，输出到 9 后再次从 0 开始显示，无限循环，如图 7.7 所示。

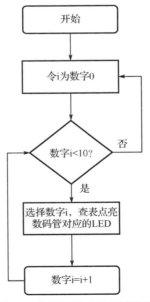

图 7.7　数码管静态显示流程图

7.2.3　程序设计

根据流程图，Arduino 控制单个数码管依次静态显示数字 0～9 的程序代码如下：

//控制共阴极数码管显示数字 0～9

```
//设置控制隔断的数字 I/O 口
int pin_a = 7;
int pin_b = 6;
int pin_c = 5;
int pin_d = 10;
int pin_e = 11;
int pin_f = 8;
int pin_g = 9;
int pin_p = 4;

int numTable[10][8] = {
  //1 为点亮, 0 为关闭
  //a b c d e f g dp
  {1,1,1,1,1,1,0,0},//0
  {0,1,1,0,0,0,0,0},//1
  {1,1,0,1,1,0,1,0},//2
  {1,1,1,1,0,0,1,0},//3
  {0,1,1,0,0,1,1,0},//4
  {1,0,1,1,0,1,1,0},//5
  {1,0,1,1,1,1,1,0},//6
  {1,1,1,0,0,0,0,0},//7
  {1,1,1,1,1,1,1,0},//8
  {1,1,1,1,0,1,1,0},//9
};

void setup() {
  for(int i = 4; i <= 11; i++)
  {
    pinMode(i, OUTPUT);
  }
}

void loop() {
  for(int i = 0; i < 10; i++)//循环显示数字 0~9
  {
  digitalWrite(pin_a, numTable[i][0]);
  digitalWrite(pin_b, numTable[i][1]);
  digitalWrite(pin_c, numTable[i][2]);
  digitalWrite(pin_d, numTable[i][3]);
  digitalWrite(pin_e, numTable[i][4]);
  digitalWrite(pin_f, numTable[i][5]);
  digitalWrite(pin_g, numTable[i][6]);
  digitalWrite(pin_p, numTable[i][7]);
  delay(200);
  }
}
```

7.2.4　烧写

将上述程序烧写到 Arduino UNO 中并运行，可观察到单个数码管依次显示数字 0～9，如图 7.8 所示。

图 7.8　静态显示实验现象

7.3　动态显示实现

令两个数码管动态显示数字 2 和 3。

7.3.1　系统连接

两个数码管 8 段同名端分别接在一起，接入 Arduino UNO 的数字接口 5～11，并将高位数码管的共阳极接入 Arduino UNO 数字接口 3，低位数码管的共阳极接入 Arduino UNO 数字接口 4，就完成了电路的连接，如图 7.9 所示。

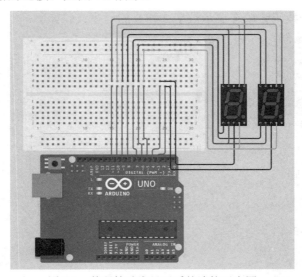

图 7.9　数码管动态显示系统连接示意图

7.3.2　流程图

利用动态显示原理，先令第一位数码管显示数字 2，延时 2ms，再令第二位数码管显示数字 3，延时 2ms。不断循环此过程即可实现动态显示，如图 7.10 所示。

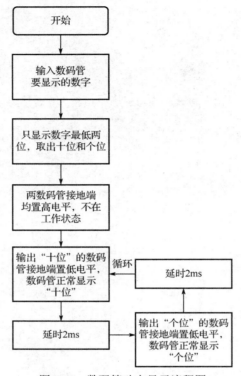

图 7.10　数码管动态显示流程图

7.3.3　程序设计

Arduino 控制两个数码管动态显示数字 2 和 3 的程序代码如下：

```
//控制两个共阴极数码管分别显示数字 2 和 3
int pin_a = 7;
int pin_b = 6;
int pin_c = 5;
int pin_d = 10;
int pin_e = 11;
int pin_f = 8;
int pin_g = 9;

int numTable[10][8] = {
  //1 为点亮，0 为关闭
  //a b c d e f g dp
  {1,1,1,1,1,1,0,0},//0
  {0,1,1,0,0,0,0,0},//1
  {1,1,0,1,1,0,1,0},//2
```

```
    {1,1,1,1,0,0,1,0},//3
    {0,1,1,0,0,1,1,0},//4
    {1,0,1,1,0,1,1,0},//5
    {1,0,1,1,1,1,1,0},//6
    {1,1,1,0,0,0,0,0},//7
    {1,1,1,1,1,1,1,0},//8
    {1,1,1,1,0,1,1,0},//9
};

void setup() {
  for(int i = 3; i <= 11; i++)
  {
    pinMode(i,OUTPUT);
  }
}
void loop() {
  DynamicMultiNumberShow(23);              //显示数字 2 和 3
}
void SingleNumberShow(unsigned digit)    //对应数字显示电平设置
{
  digitalWrite(pin_a,numTable[digit][0]);
  digitalWrite(pin_b,numTable[digit][1]);
  digitalWrite(pin_c,numTable[digit][2]);
  digitalWrite(pin_d,numTable[digit][3]);
  digitalWrite(pin_e,numTable[digit][4]);
  digitalWrite(pin_f,numTable[digit][5]);
  digitalWrite(pin_g,numTable[digit][6]);
}

void DynamicMultiNumberShow(unsigned num)
{
  num %= 100;
  for(int j = 0; j != 2; j++)              //高、低位数码管切换
  {
    unsigned digit = num % 10;            //低位
    num /= 10;                            //高位
    int ground = j + 3;                   //数字接口 3 和 4 对应连接数码管接地端
    digitalWrite(ground, LOW);            //数码管接地端为低电平，数码管正常工作
    SingleNumberShow(digit);
    delay(2);
    digitalWrite(ground, HIGH);           //数码管接地端为高电平，数码管无法工作
  }
}
```

7.3.4　烧写

将上述程序烧写到 Arduino UNO 中并运行，可观察到两个数码管分别稳定地显示数字 2
和 3，如图 7.11 所示。

图 7.11　动态显示实验现象

7.4　小结

本章介绍了如何用 Arduino 控制数码管的显示。首先介绍了数码管的显示原理，"8"字型数码管由 8 段构成，通过不同的组合可以显示不同的数字和字符，数码管有共阴极和共阳极两种连接方法；然后重点介绍了静态显示和动态显示的原理并分析了它们的优/缺点；最后分别给出了 Arduino UNO 控制数码管实现静态显示和动态显示的程序代码。

第 8 章

Arduino 之 LED 点阵与 RGB 灯带

前几章介绍了最为简单的输出设备 LED，以及稍微复杂一些的数码管，本章介绍以点阵的形式将多个 LED 连接成一个模块，以及更复杂的由 RGB-LED 组成的 RGB 灯带，通过 Arduino 控制这些光源，实现更为复杂和绚丽的显示效果。

本章实现功能：

1. Arduino 单片机控制 LED 点阵实现逐行逐列扫描，以及控制点阵中的任意 LED。
2. Arduino 单片机控制 RGB 灯带显示不同的颜色。

8.1 Arduino 之 LED 点阵

8.1.1 工作原理

LED 点阵模块由若干独立的 LED 组成，按照 LED 的个数划分，常见的有 8×8、16×16 等类型，大型 LED 点阵往往都是由多个小 LED 点阵级联拼接而成的。8×8 共阳极 LED 点阵模块实物图如图 8.1 所示。

LED 点阵的结构与数码管的结构有很多相似之处，数码管可以说是一种特殊的 LED 点阵，它将 LED 点阵中的 LED 以数字 8 的形式排列。LED 点阵和数码管一样有着共阴极和共阳极两种接法，本章介绍的 LED 点阵为 8×8 共阳极 LED 点阵。8×8 共阳极 LED 点阵的内部电路图如图 8.2 所示。

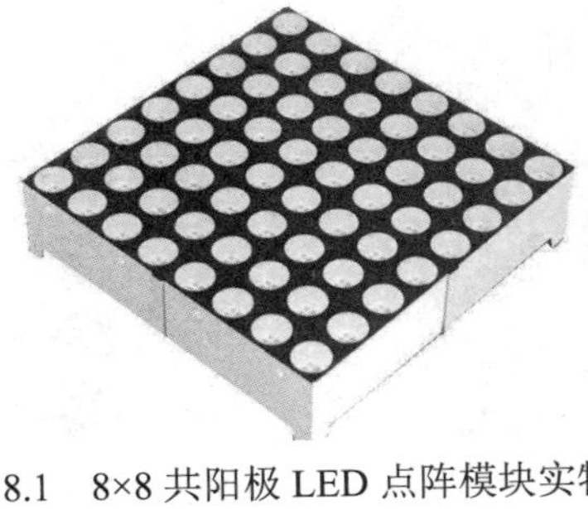

图 8.1 8×8 共阳极 LED 点阵模块实物图

从图 8.2 中注意到，每行 LED 的正极接到了一起，每列 LED 的负极接到了一起，当想点亮位于行 4 列 5 的 LED 时，只需将行 4 的引脚电平拉高、列 5 的引脚电平拉低即可。当所有列的引脚电平都被拉低、所有行的引脚电平都被拉高时，点阵中的所有 LED 点亮。

驱动 LED 点阵通常采用逐行扫描或逐列扫描的方式。当扫描速度足够快时，由于 LED 的余辉效应和人眼的视觉暂留现象，人们可以看到动态的画面。

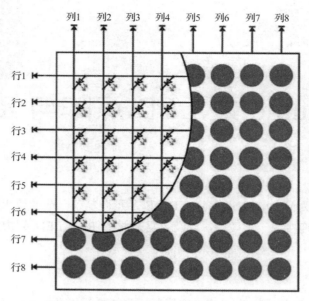

图 8.2　8×8 共阳极 LED 点阵的内部电路图

8.1.2　系统连接

8×8 共阳极 LED 点阵的引脚图如图 8.3 所示，引脚分布图如图 8.4 所示。根据点阵引脚的定义，点阵的 9、14、8、12、1、7、2、5 引脚分别连接 Arduino UNO 数字接口 6、11、5、9、14、4、15、2，这 8 个引脚为 LED 的正极；点阵的 13、3、4、10、6、11、15、16 引脚分别连接 Arduino UNO 数字接口 10、16、17、7、3、8、12、13，这 8 个引脚为 LED 的负极。这里 Arduino UNO 编号超过 13 的数字接口指的是模拟接口 A0～A5。模拟接口也可以作为普通 I/O 口使用，编号为 14～19。

8×8 共阳极 LED 点阵与 Arduino UNO 的连接图如图 8.5 所示。

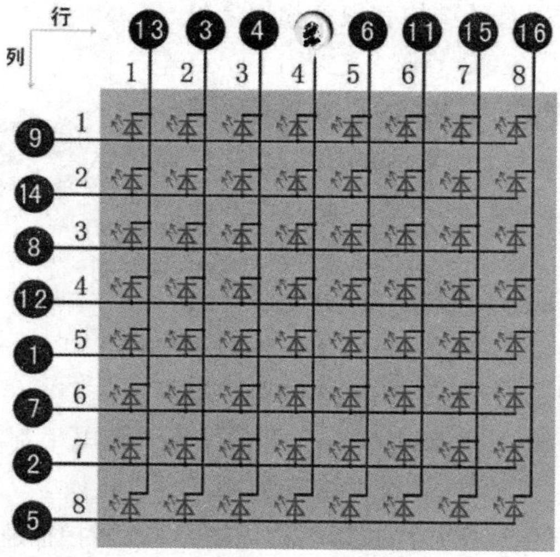

图 8.3　8×8 共阳极 LED 点阵的引脚图

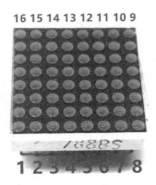

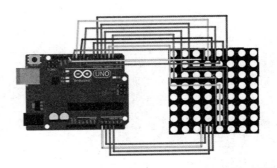

图 8.4　8×8 共阳极 LED 点阵的引脚分布图　　图 8.5　8×8 共阳极 LED 点阵与 Arduino UNO 的连接图

8.1.3　流程图

驱动 LED 点阵程序的思路如下：先设置用于控制 LED 点阵引脚的模式，再在主循环中依次点亮全部 LED、熄灭全部 LED、逐列扫描、逐行扫描，如图 8.6 所示。

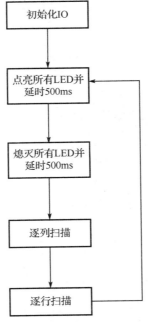

图 8.6　LED 点阵程序流程图

8.1.4　程序设计

根据流程图，对 LED 的处理全部放在 loop()函数中，程序的关键在于根据原理编写 LED 点阵诸如逐列扫描、逐行扫描等控制函数，因此程序代码如下：

```
int leds[8] = {6, 11, 5, 9, 14, 4, 15, 2};      //点阵的正极引脚（行）
int gnds[8] = {10, 16, 17, 7, 3, 8, 12, 13};     //点阵的负极引脚（列）
```

```
void setup() {
    for (int i = 0; i < 8; i++)
    {
        //设置所有点阵控制引脚均为输出模式
        pinMode(leds[i], OUTPUT);
        pinMode(gnds[i], OUTPUT);
        digitalWrite(gnds[i], HIGH); //负极电平被拉高，熄灭所有 LED
    }
}

//点亮所有 LED
void ledopen()
{
    for (int i = 0; i < 8; i++)//将点阵的正极电平拉高、负极电平拉低，开启显示功能
    {
        digitalWrite(leds[i], HIGH);
        digitalWrite(gnds[i], LOW);
    }
}

void ledclean()
{
    for (int i = 0; i < 8; i++)//将点阵的正极电平拉低、负极电平拉高，关断显示
    {
        digitalWrite(leds[i], LOW);
        digitalWrite(gnds[i], HIGH);
    }
}

//逐列扫描
void ledCol()
{
    for (int i = 0 ; i < 8; i++)
    {
        //拉低列 i 引脚的电平
        digitalWrite(gnds[i], LOW);
        //按顺序点亮列 i 的所有 LED
        for (int j = 0; j < 8; j++)
        {
            digitalWrite(leds[j], HIGH);
            delay(40);
        }
        //拉高列 i 引脚的电平
        digitalWrite(gnds[i], HIGH);
        ledclean();
    }
}
```

```
//逐行扫描
void ledRow()
{
    for (int i = 0 ; i < 8; i++)
    {
        //拉高行 i 引脚的电平
        digitalWrite(leds[i], HIGH);
        //按顺序点亮第 i 行的所有 LED
        for (int j = 0; j < 8; j++)
        {
            digitalWrite(gnds[j], LOW);
            delay(40);
        }
        //拉低行 i 引脚的电平
        digitalWrite(leds[i], LOW);
        ledclean();
    }
}

void loop() {
    ledopen();      //LED 全部点亮
    delay(500);
    ledclean();     //LED 全部熄灭
    delay(500);
    ledCol();       //列扫描
    ledRow();       //行扫描
}
```

8.1.5　烧写

将 LED 点阵程序烧写到 Arduino UNO 中，观察到 LED 点阵按照程序设定，LED 逐行逐列亮起，如图 8.7 所示。

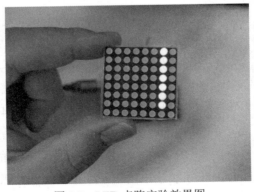

图 8.7　LED 点阵实验效果图

8.2　Arduino 之 RGB 灯带

8.2.1　工作原理

前面曾介绍过 RGB-LED，并且通过串口控制 RGB-LED 的发光颜色，该种 RGB-LED 本质上是将红、绿、蓝 3 种颜色的 LED 放进一个 LED 中，因此需要 3 个 I/O 口控制其发光颜色，而且仅通过固定红、绿、蓝亮度的 LED 能够组合出的发光颜色种类非常有限。本节介绍一种更为常用的 RGB-LED，通过串接这些 RGB-LED 可以组成 RGB 灯带或 RGB 灯阵。

图 8.8　WS2812B 实物图

WS2812B 是一种常用的智能控制 LED 光源，其外形与常见的普通 LED 的外形相似，其实物图如图 8.8 所示。它的光源及控制电路都被集成在 5050 或更小的封装中。WS2812B 采用级联的方式实现控制，仅需要一个 I/O 口即可控制多个 WS2812B，在 30 帧刷新率的前提下，最多可控制 1024 个级联的 WS2812B。WS2812B 有着功耗低、使用寿命长、亮度高、一致性好等优点。

WS2812B 的控制方式为数字信号控制，通常采用 5V 供电，其电气参数如图 8.9 所示。

最大额定值（T_A=25℃，V_{SS}=0）

参数	符号	范围	单位
电源电压	V_{DD}	+3.7～+5.3	V
逻辑输入电压	V_1	−0.3～(V_{DD}+0.7)	V

电气参数（T_A=25℃，V_{DD}=5V，V_{SS}=0）

参数	符号	最小	典型	最大	单位	测试条件
输入电流	I_1	—	—	±1	μA	V_1=V_{DD}/V_{SS}
高电平输入	V_{IH}	0.63V_{DD}		V_{DD}+0.7	V	D_{IN}，SET
低电平输入	V_{IL}	−0.3		0.7	V	D_{IN}，SET

图 8.9　WS2812B 的电气参数

WS2812B 共有 4 个引脚，其引脚分布图如图 8.10 所示。

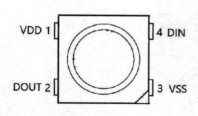

图 8.10　WS2812B 的引脚分布图

其中，VDD 引脚为电源输入引脚，VSS 引脚为接地引脚，DIN 引脚为控制信号输入引脚，DOUT 引脚为控制信号输出引脚。

WS2812B 具体的控制方式为单总线、归零码的控制，单片机按照一定的时序发送 24 位 RGB 颜色数据。当发送的颜色数据超过 24 位时，第一个 WS2812B 获取初始的 24 位 RGB 颜色数据，剩下的 RGB 颜色数据经由内部信号整形电路整形后，通过 DOUT 引脚输出给下一个 WS2812B，即单片机发送的 RGB 颜色数据每经过一个 WS2812B 就减少 24 位。需要特别注意的是，控制 WS2812B 的 RGB 颜色数

据中的 0 码和 1 码不是简单的高、低电平，而是不同占空比的 PWM 波。WS2812B 的 RGB
颜色数据中的 0 码、1 码和复位码的定义如图 8.11 所示。

数据传输时间

T0H	0 码，高电平时间	220～380ns
T1H	1 码，高电平时间	580ns～1μs
T0L	0 码，低电平时间	580ns～1μs
T1L	1 码，低电平时间	580ns～1μs
RES	帧单位，低电平时间	280μs 以上

时序波形图

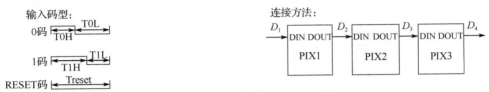

图 8.11　WS2812B 的 RGB 颜色数据中的 0 码、1 码和复位码的定义

图 8.11 也展示了 WS2812B 的级联方法，仅需要将上一级的 DOUT 引脚连接到下一级的
DIN 引脚即可。

WS2812B 的控制时序图如图 8.12 所示。D_1 为单片机发送的数据，D_2、D_3、D_4 为经过
WS2812B 内部整形电路整形后转发给下一级的数据。通过图 8.12 也可以看出，完成 1 个数据
刷新周期时需要发送复位码，即将 I/O 口电平拉低超过 280μs，只有这样才能开启下一个数据
刷新周期。

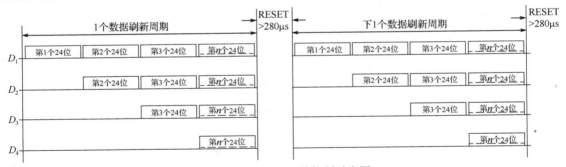

图 8.12　WS2812B 的控制时序图

WS2812B 的 24 位 RGB 颜色数据的格式并不是传统的 RGB 顺序，其具体的颜色分量排
布顺序如图 8.13 所示，前 8 位为 G 分量的数据，中间 8 位为 R 分量的数据，后 8 位为 B 分
量的数据。

24位数据结构

G7	G6	G5	G4	G3	G2	G1	G0	R7	R6	R5	R4	R3	R2	R1	R0	B7	B6	B5	B4	B3	B2	B1	B0

注：高位先发，按照G→R→B的顺序发送数据。

图 8.13　WS2812B 的 24 位 RGB 颜色数据的格式

8.2.2　Adafruit NeoPixel 库介绍

直接根据 WS2812B 的控制时序和工作原理编写驱动程序对于初学者可能有些困难，但是 Arduino 官方及第三方提供了众多的库，通过使用这些库可以轻松地使用 Arduino 驱动各种外设。Adafruit NeoPixel 库可以让 Arduino 驱动单总线控制的 LED 灯带或灯阵。在使用前只需以实例化类的方式完成硬件参数设置，即可通过调用库提供的函数实现对 LED 的控制。

8.2.3　系统连接

Arduino UNO 与 WS2812B 的连接示意图如图 8.14 所示。WS2812B 的 VDD 引脚与 Arduino UNO 的+5V 电源相连，VSS 引脚与 Arduino UNO GND 相连，DIN 引脚连接 Arduino UNO 数字接口 5。

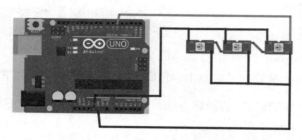

图 8.14　Arduino UNO 与 WS2812B 的连接示意图

8.2.4　流程图

WS2812B 实验的程序流程图如图 8.15 所示。在完成 Adafruit NeoPixel 库的初始化之后即可调用其提供的函数操作单个 RGB-LED 或同时操作 N 个 RGB-LED。

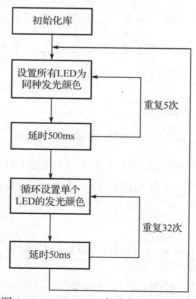

图 8.15　WS2812B 实验的程序流程图

8.2.5　程序设计

根据流程图可以编写出如下程序代码：

```
#include <Adafruit_NeoPixel.h>

#define WS2812B_PIN 5//定义控制引脚
#define LED_NUM 32//WS2812B 的数量

Adafruit_NeoPixel ws2812b_ring = Adafruit_NeoPixel(LED_NUM, WS2812B_PIN, NEO_GRB
+ NEO_KHZ800);//以实例化类的方式配置 WS2812B 的参数，分别为控制的 WS2812B 的数量、控制信号输出
引脚、RGB 颜色数据排列顺序和控制信号频率

void setup() {
 ws2812b_ring.begin();//初始化
 ws2812b_ring.show();//关闭所有 LED
}


void loop() {
 ws2812b_ring.fill(0x000F0000,0,32);//将所有 RGB-LED 均设置为红色
 ws2812b_ring.show();//控制数据输出到 WS2812B
 delay(500);//延时 500ms
 ws2812b_ring.fill(0x00000F00,0,32);//将所有 RGB-LED 均设置为绿色
 ws2812b_ring.show();//控制数据输出到 WS2812B
 delay(500);//延时 500ms
 ws2812b_ring.fill(0x0000000F,0,32);//将所有 RGB-LED 均设置为蓝色
 ws2812b_ring.show();//控制数据输出到 WS2812B
 delay(500);//延时 500ms
 ws2812b_ring.fill(0x00000F0F,0,32);//将所有 RGB-LED 均设置为天蓝色
 ws2812b_ring.show();//控制数据输出到 WS2812B
 delay(500);//延时 500ms
 ws2812b_ring.fill(0x000F0F00,0,32);//将所有 RGB-LED 均设置为黄色
 ws2812b_ring.show();//控制数据输出到 WS2812B
 delay(500);//延时 500ms
for (int i = 0; i < LED_NUM; i++)
{
 if(i%3==0)
 {
   ws2812b_ring.setPixelColor(i, 20, 0, 0);//设置第 i 个 RGB-LED 的发光颜色为红色
   }
   else if(i%3==1)
   {
     ws2812b_ring.setPixelColor(i, 0, 20, 0);//设置第 i 个 RGB-LED 的发光颜色为绿色
   }
   else
   {
     ws2812b_ring.setPixelColor(i, 0, 0, 20);//设置第 i 个 RGB-LED 的发光颜色为蓝色
   }
```

```
  ws2812b_ring.show();//控制数据输出到 WS2812B
  delay(50);//延时 50ms
 }
}
```

8.2.6　烧写

将程序烧写到 Arduino UNO 中，观察到各个 LED 按照程序设计周期性地切换发光颜色，如图 8.16 所示。

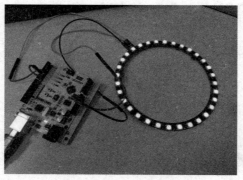

图 8.16　实物演示图

8.3　小结

本章介绍了常用的显示设备 LED 点阵，以及基于 WS2812B 的 RGB 灯带，详细介绍了二者的原理，以及如何通过使用 Arduino 提供的库简化驱动代码的编写。通过本章的学习，读者可以尝试使用 LED 点阵显示自己所需的更为复杂的图案，使用 RGB 灯带或灯阵实现更为炫酷的光效。

第 9 章

Arduino 之液晶屏

人机交互在电子产品中扮演着重要的角色，系统给予使用者的反馈将影响到用户体验。除前几章介绍的数码管、LED 点阵以外，另一种更常见的显示方式是液晶显示，即 LCD。它不仅能显示字符，还能显示中文，更可以实现多行多列显示、循环滚动等更复杂的效果。本章介绍如何使用 Arduino 控制 LCD-1602 的显示。

本章实现功能：

Arduino 控制 LCD-1602 实现英文字母的显示。

9.1　工作原理

9.1.1　液晶的概念

液晶是一种介于固态和液态之间的物质，当它被加热时，它会呈现透明的液态，而冷却时又会结晶成混乱的固态。液晶是具有规则性分子排列的有机化合物。当向液晶通电时，液晶分子排列得井然有序，光线容易通过；而不通电时，液晶分子排列混乱，阻止光线通过。通电与不通电可以让液晶像闸门般地阻隔或让光线通过。这种可以控制光线的两种状态是液晶显示器形成图像的前提条件。当然，还需要配合一定的结构才可以实现光线向图像的转换。

9.1.2　液晶的通光原理

液晶显示器有很多种不同的结构，但从原理上来看，基本上是相似的。下面举例说明液晶的通光原理。

扭曲向列型单色液晶显示器的液晶面板包含了两片相当精致的无钠玻璃素材，中间夹着一层液晶，这里重点了解一下中间层，即液晶层，液晶并不是简单地灌入其中，而是灌入两个内部有沟槽的夹层。这两个内部有沟槽的夹层主要的作用是让液晶分子可以整齐地排列好，因为如果液晶分子排列不整齐的话，那么光线是不能顺利地通过液晶部分的。为了达到液晶分子整齐排列的效果，这些沟槽制作得非常精细，液晶分子会顺着沟槽排列，由于沟槽非常平行，因此各液晶分子也是完全平行的。这两个夹层通常称为上、下夹层，其中都是排列整齐的液晶分子，只是排列方向有所不同，上夹层的液晶分子按照上沟槽的方向排列，下夹层的液晶分子按照下沟槽的方向排列。

在生产过程中，上、下沟槽呈十字交错（垂直，90°），即上夹层的液晶分子的排列是横向的，下夹层的液晶分子的排列是纵向的，这样就造成位于上、下夹层之间的液晶分子接近上夹层的呈横向排列，接近下夹层的呈纵向排列。如果从整体来看，则液晶分子的排列就像螺旋形的扭转排列，而扭转的关键地方正是夹层之间的液晶分子。而夹层中设置了一个关键的设备，叫作极化滤光片（共两块），这两块极化滤光片的排列和透光角度与上、下夹层沟槽的排列相同。假设正常情况下光线从上向下照射时，通常只有一个角度的光线能够穿透下来，通过上极化滤光片导入上夹层的沟槽中，并通过液晶分子扭转排列的通路从下极化滤光片穿出，形成一条完整的光线穿透途径。一旦通过电极给这些液晶分子加电，其受到外界电压的影响，不再按照正常的方式排列，而变成竖立的状态，这样光线就无法通过，结果在显示屏上出现黑色。这样会出现透光时（不加电时）为白、不透光时（加电时）为黑的现象，字符就可以显示在液晶屏上了，这便是最简单的显示原理。

9.1.3 液晶显示器的工作原理

现在，我们知道了液晶的通光原理，但光是从哪里来的呢？因为液晶材料本身并不发光，所以在液晶屏两边都设有作为光源的灯管，同时在液晶屏背面有一块背光板和反光膜，背光板是由荧光物质组成的，可以发射光线，其作用主要是提供均匀的背景光源。在这里，背光板发出的光线在穿过偏振过滤层（上面提到的夹层）之后进入包含成千上万个水晶液滴的液晶层，液晶层中的水晶液滴都被包含在细小的单元格中，一个或多个单元格构成液晶屏上的一个像素，而这些像素可以是亮的，也可以是不亮的，大量排列整齐的像素亮与不亮便形成了单色图像。

那么怎样可以控制好这大量像素中的点是亮还是不亮呢？这主要是由控制电路来控制的，无钠玻璃板与液晶材料之间是透明的电极，电极分为行和列，在行与列的交叉点上，通过改变电压来改变液晶的通光状态，此时，液晶材料的作用类似于一个个小的光阀，控制光的通过与不通过。在液晶材料周边还有控制电路部分和驱动电路部分，这样就可以用信号来控制单色图像的生成了。

1. 线段的显示

点阵图形式液晶由 $M \times N$ 个显示单元组成，假设 LCD（液晶显示器）的液晶屏有 64 行，每行有 128 列，每 8 列对应 1 字节的 8 位，即每行由 16 字节，共 $16 \times 8 = 128$ 个点组成，液晶屏上的 64×16 个显示单元与显示 RAM 区的 1024 字节相对应，每一字节的内容和液晶屏上相应位置的亮暗对应。

例如，液晶屏第一行的亮暗由 RAM 区的 000H～00FH 的 16 字节内容决定，当(000H)=FFH 时，液晶屏的左上角显示一条短亮线，长度为 8 个点；当(3FFH)=FFH 时，液晶屏的右下角显示一条短亮线；当(000H)=FFH,(001H)=00H,(002H)=00H,…,(00EH)=00H,(00FH)=00H 时，液晶屏的顶部显示一条由 8 条亮线和 8 条暗线组成的虚线。这就是 LCD 显示线段的基本原理。

2．字符的显示

用 LCD 显示一个字符时比较复杂，因为一个字符由 6×8 或 8×8 的点阵组成，所以既要找到和液晶屏上某几个位置对应的显示 RAM 区的 8 字节，又要使每个字节的不同位为"1"，其他位为"0"。为"1"的亮，为"0"的不亮，这样一来就组成某个字符。但对于内带字符发生器的控制器，显示字符就比较简单了，可以让控制器工作在文本方式下，根据在 LCD 上开始显示的行列号及每行的列数找出显示 RAM 区对应的地址，设立光标，在此送上该字符对应的代码即可。

9.1.4　LCD-1602 的工作原理

LCD-1602 是指显示的内容为 16×2 个字符，即可以显示两行，每行 16 个字符。1602 液晶也叫 1602 字符型液晶，这类液晶通常都是字符型的，只能显示 ASCII 码字符，它是一种专门用来显示字母、数字、符号等的点阵型液晶模块。它由若干 5×7 或 5×11 等点阵字符位组成，每个点阵字符位都可以显示一个字符，每位之间有一个点距的间隔，每行之间也有间隔，起到了字符间距和行间距的作用。由于其存储空间比较小，因此不能很好地显示汉字和图形。

图 9.1 所示为 LCD-1602 的实物图。

图 9.1　LCD-1602 的实物图

（1）主要技术参数。

显示容量：16×2 个字符。

芯片工作电压：4.5～5.5V。

工作电流：2mA。

模块最佳工作电压：5V。

字符尺寸：2.95×4.35（$W \times H$，单位为 mm）。

（2）引脚功能说明。

LCD-1602 各引脚说明如表 9.1 所示。

表 9.1　LCD-1602 各引脚说明

编　号	符　　号	引 脚 说 明	编　号	符　　号	引 脚 说 明
1	VSS	电源地	9	D2	数据口
2	VDD	电源正极	10	D3	数据口
3	VL	液晶显示对比度调节端	11	D4	数据口
4	RS	数据/指令选择端（H/L）	12	D5	数据口
5	R/$\overline{\text{W}}$	读/写选择端	13	D6	数据口
6	E	使能信号	14	D7	数据口
7	D0	数据口	15	BLA	背光灯正极
8	D1	数据口	16	BLK	背光灯负极

注意：VSS 引脚需要接入电源地；VDD 引脚需要接入电源正极，即 3.3V 或 5V；VL 是液晶显示实偏压信号，用来调节文字的对比度；4~6 为功能引脚，其中 6 为使能引脚，输出的是 LCD-1602 的数据控制时钟信号，利用该信号的上升沿实现对 LCD-1602 的数据传输；7~14 为并行数据口，共 8 位；15 为背光灯正极，16 为背光灯负极，调节两者的电压差可以调节背光灯的亮度，压差越大，背光灯越亮。

（3）功能引脚及时序。

4~6 为功能引脚，4、5 分别为数据/指令选择端、读/写选择端，控制 4、5 引脚电平的高低可以实现 4 种功能（写指令、读状态、写数据、读数据）的转换，如表 9.2 所示。

表 9.2　RS 及 R/W̄ 的功能

RS	R/W̄	操 作 说 明
0	0	写入指令寄存器（清除屏等）
0	1	读取 busy flag 及位置计数器（DB0~DB6）的值
1	0	写入数据寄存器（显示各字型等）
1	1	从数据寄存器中读取数据

使能信号的控制与时序相关，如图 9.2 所示。

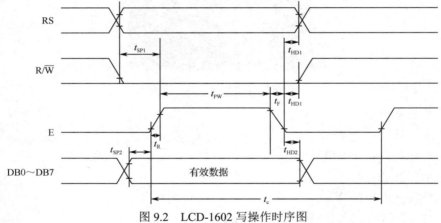

图 9.2　LCD-1602 写操作时序图

图 9.2 所示为 LCD-1602 写操作时序图。我们并不需要读出它的数据或状态，只需看两个写时序。

① 写指令：设置 LCD-1602 的工作方式时需要首先将 RS 置低电平、R/W̄ 置低电平，然后将指令传送到数据口 D0~D7，最后由 E 引脚的一个高电平脉冲将指令写入。

② 写数据：首先将 RS 置高电平、R/W̄ 置低电平，然后将数据送到数据口 D0~D7，最后由 E 引脚的一个高电平脉冲将数据写入。

注意：写指令与写数据的差别仅在于 RS 的电平高低。

对此时序图，其时间轴为从左向右（本书中未标明时间轴的时序都是如此），时序图左边的引脚标志表示此行图线体现该引脚的变化，有线交叉状的部分表示电平在变化，两条平行线分别对应高、低电平。在图 9.2 的 DB0~DB7 行中，密封的六边形部分表示数据有效。

表 9.3 所示为本书所用的 LCD-1602 的时序参数，不同厂家生产的 LCD 的延时不同，但

数量级相仿，Arduino 操作的最小单位为微秒级，因此，除 E 引脚的高电平持续时长 t_{PW} 需要延时外，其他地方都不需要延时。

注意：若调试中出现问题，则可以在某处加上延时或改变延时时长，请自行调试。

表9.3　本书所用的 LCD-1602 的时序参数

项　目	符　号	条　件	最　大　值	最　小　值	单　位
E 引脚周期	tcycE		1000	—	
E 引脚脉冲	Pwch		450	—	
E 引脚上升/下降时间	Ter，Tef	$V_{DD}=5(1\pm5\%)V$	—	25	
地址设置时间	Tas	$V_{SS}=0$	140	—	ns
地址保持时间	Tah	$T_a=25℃$	10	—	
数据设置时间	Tdsw		195	—	
数据保持时间	Th		10	—	

在每次写完数据后，都需要将 E 引脚置为低电平，为下一次 E 引脚的高电平脉冲做准备，这种做法叫释放时钟线，对配合时序大有裨益。因此，E 引脚在进行写操作时，需要使用高电平脉冲，即开始时初始化 E 引脚为低电平，然后置 E 引脚为高电平，延时，清零。

（4）RAM 地址映射。

LCD 控制器内部有 80 字节的 RAM 缓冲区，对应关系如图 9.3 所示。在 00～0F、40～4F 地址中任一处写入显示数据时，LCD 都可以立即将其显示出来；在 10～27 或 50～67 地址中任一处写入显示数据时，需要使用移屏指令将它们移入可显示区域。

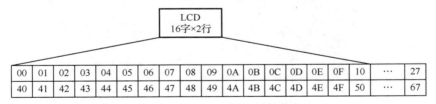

图 9.3　RAM 地址映射图

（5）控制指令说明。

控制指令说明如表 9.4 所示。

表9.4　控制指令说明

指　令　码								功　能
0	0	1	1	1	0	0	0	设置 16×显示，5×7 点阵，8 位数据接口
0	0	0	0	1	D	C	B	D=1 开显示；D=0 关显示； C=1 显示光标；C=0 不显示光标； B=1 光标闪烁；B=0 光标不闪烁
0	0	0	0	0	1	N	S	N=1：当读或写一个字符后，地址指针加 1，且光标加 1； N=0：当读或写一个字符之后，地址指针减 1，且光标减 1； S=1：当写一个字符时，整屏显示左移（N=1）或右移（N=0），以得到光标不移动而显示屏移动的效果； S=0：当写一个字符时，整屏显示不移动

另外，80H+地址码（00H～27H，40H～67H）用于设置数据地址指针。

① 01H，显示清屏：数据指针清零和所有指针清零。

② 02H，显示回车。

9.1.5 LiquidCrystal 库介绍

本章实验通过使用 LiquidCrystal 库让 Arduino UNO 可以控制基于 Hitachi HD44780 芯片组或兼容 LiquidCrystal 库的 LCD，如 LCD-1602。LiquidCrystal 库可以以 4 线或 8 线模式工作。

9.2 系统连接

Arduino UNO 与 LCD-1602 的连接图如图 9.4 所示。LCD-1602 的 VSS、BLK 引脚接 Arduino UNO 的 GND，VDD 和 BLK 引脚接 Arduino UNO 的+5V，R/W 引脚接 Arduino UNO 的 GND，RS 引脚接 Arduino UNO 的数字接口 12，E 引脚接 Arduino UNO 的数字接口 11，D4 引脚接 Arduino UNO 的数字接口 5，D5 引脚接 Arduino UNO 的数字接口 4，D6 引脚接 Arduino UNO 的数字接口 3，D7 引脚接 Arduino UNO 的数字接口 2。

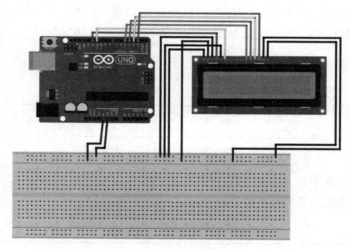

图 9.4　Arduino UNO 与 LCD-1602 的连接示意图

9.3 流程图

LCD-1602 实验程序流程图如图 9.5 所示。在 setup()函数中设置好 LCD-1602 的参数后，即可控制 LCD-1602 显示英文字符，在循环中通过设置光标的位置实现在不同位置显示英文字符串。

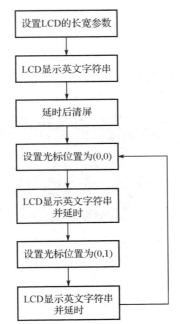

图 9.5　LCD-1602 实验程序流程图

9.4　程序设计

根据流程图，可以编写出如下程序代码：

```
#include <LiquidCrystal.h>

LiquidCrystal lcd(12,11,5,4,3,2); //定义 LCD-1602 控制接口引脚的顺序为 RS、E、D4、D5、D6、D7

void setup() {
 lcd.begin(16,2);//设置 LCD 的长、宽（n 行×n 列）
 lcd.print("Welcome to use");//在显示屏上显示英文字符串
 delay(5000);
 lcd.clear();//清屏
}

void loop() {
 lcd.setCursor(0, 0);//设置光标位置为(0,0)
 lcd.print("Hello Wolrd");//在显示屏上显示英文字符串
 delay(1000);
 lcd.setCursor(0, 1);//设置光标位置为(0,1)
 lcd.print("For Teaching");//在显示屏上显示英文字符串
 delay(1000);
}
```

9.5 烧写

将 LCD-1602 实验程序烧写到 Arduino UNO 中，观察到 LCD-1602 显示出英文字符串并在一段时间后切换了显示内容，如图 9.6 所示。

图 9.5 LCD-1602 实物演示图

9.6 小结

本章以 LCD-1602 为例介绍了液晶的概念和工作原理，以及如何使用通过 Arduino 提供的 LiquidCrystal 库驱动 LCD-1602。通过本章的学习，读者可以尝试使用 LCD-1602 显示自己想要显示的内容或使用 LiquidCrystal 库驱动分辨率更高的 LCD。

第 10 章

Arduino 模拟输入/输出接口

模拟量是指一些连续变化的物理量，如温度、速度等连续变化的信号量，它们在时间和数值上都是连续变化的。虽然 Arduino 本身是数字设备，但 Arduino 开发者已经提供了用于控制模拟输入/输出相关的函数。本章学习如何使用 Arduino 提供的模拟信号函数从模拟输入接口读取模拟信号，以及如何使用数字接口输出模拟信号。

本章实现功能：

1. 用 Arduino 单片机检测双轴按键摇杆模块的模拟输入电压。
2. Arduino 单片机通过模拟输出实现呼吸灯效果。

10.1 模拟接口的工作原理

虽然微控制器建立在数字计算机的基础之上，但很多时候还是不得不与模拟设备进行交互，如控制电机需要模拟电压、读取传感器的模拟信号等。正因如此，Arduino 开发者为 Arduino 微控制器增加了一些模拟特性。

与模拟信号打交道一方面需要完成模拟信号到数字信号的转换，只有这样，信号才能够被微控制器使用；另一方面，需要将微控制器产生的数字信号转换为模拟信号，只有这样，信号才能够被外部的模拟设备使用。下面讨论 Arduino 的模拟输入/输出信号。

10.1.1 模拟输入

Arduino 提供的模数转换功能借助模数转换器（ADC）实现。ADC 将输入的模拟信号转换为数字信号，因为转换后的数字信号与输入的模拟信号有对应关系，所以 Arduino 根据转换后的数字信号的数值确定输入模拟信号的大小。

每种型号的 Arduino 都具备 ADC，用来获取模拟输入电压并将其转换为数字信号。不同型号的 Arduino 拥有不同的 ADC 配置。表 10.1 提供了各种型号 Arduino 模拟接口的数量。

表 10.1 各种型号 Arduino 模拟接口的数量

Arduino 型号	模拟接口的数量
Due	12

续表

Arduino 型号	模拟接口的数量
Leonardo	12
Mega	16
Micro	12
Mini	8
UNO	6
Yun	12

ADC 基于内部转换电路，将模拟输入电压转换为数字信号。ADC 的分辨率决定了数字信号的取值范围。在大多数型号的 Arduino 中，ADC 使用 10 位分辨率。因此，数字信号的取值范围为 0（对应 0）～1023（对应 5V）。不过，Leonardo 使用 12 位分辨率的 ADC，因此，对于 5V 输入电压，数字信号的最大取值为 4095，即它可以检测到更微小的输入电压的变化。

10.1.2 模拟输出

数字系统进行模拟输出需要借助数模转换器（DAC），DAC 从微控制器接收数字信号后将其转换为模拟信号，提供给模拟设备使用。转换后的模拟信号的电压高低与数字信号数字的大小对应：数字信号的数字越大，模拟输出电压越高。

不过，DAC 功能实现较为复杂，需要额外的电路。因此，只有一种型号的 Arduino，即 Leonardo 包含真正意义上的 DAC，能够输出模拟信号，其余型号的 Arduino 采用其他输出模拟信号的方法。

PWM 使用数字信号模拟出模拟信号，通过控制数字信号高、低电平的时间比例，即信号的占空比来实现。

信号的占空比决定了产生的模拟信号电压的高低，占空比越大，产生的模拟电压越高。100%的占空比产生 5V 输出电压，0%的占空比产生 0 输出电压。对于中间的输出电压，当占空比为 50%时，输出的电压为 2.5V；当占空比为 75%时，输出的电压为 3.75V。因此，Arduino 可以通过控制信号的占空比实现 0～5V 模拟电压的输出。

10.1.3 模拟接口的位置

Arduino 标准的扩展接口提供了 6 个模拟输入接口，位于图 10.1 中右下方的扩展插槽。Arduino 上的模拟输入接口为 A0～A5。对 Arduino UNO 而言，这些是仅有的模拟输入接口。

Arduino 只在部分数字接口上提供 PWM 输出。对于 Arduino UNO，数字接口 3、5、6、9、10 和 11 支持 PWM 功能，这可以通过开发板上的丝印进行确认。PWM 数字接口的编号前面有一个浪纹线（～）。

模拟输出接口

图 10.1　Arduino UNO 的模拟输入/输出接口

10.1.4　模拟输入接口的相关函数

（1）使用 Arduino 模拟输入接口的主要函数——analogRead()：

```
analogRead(pin);
```

pin：要读取的模拟输入接口的名称。该函数返回 ADC 接口上与输入模拟电压相对应的数值。

该函数从指定的模拟输入接口读取值。Arduino UNO 包含一个多通道 10 位 ADC。这意味着它将 0 和工作电压（5V 或 3.3V）之间的输入电压映射为 0～1023 的整数值。例如，在 Arduino UNO 上，读数的分辨率为 5V/1024 个单位，即每单位约 4.9mV。

在基于 ATmega 的开发板（UNO、Nano、Mini、Mega）上，读取模拟输入大约需要 100μs，因此其最高读取速率约为每秒 10000 次。

（2）改变参考电压——analogReference()。

在默认情况下，Arduino 模拟输入的 5V 电压对应最大的数值（1023）。这里 5V 被称为参考电压。数字输出取值基于模拟输入电压相对于参考电压的比例。Arduino 允许改变参考电压，从而使用不同的尺度。例如，不再将 1023 对应 5V 电压，而是将 digitalRead()返回的 1023 对应 1.1V 电压。可以使用 analogReference()函数实现此功能：

```
analogReference(source);
```

其中，source 设定了 ADC 转换的参考电压。可以使用 Arduino 内置的参考源，也可以使用外置的参考源。在 Arduino UNO 中，可以使用的选项有 DEFAULT、INTERNAL 和 EXTERNAL。

DEFAULT：默认参考电压。在 5V Arduino UNO 上为 5V、在 3.3V Arduino UNO 上为 3.3V。Arduino UNO 以 5V 为默认参考电压。

INTERNAL：内部参考电压。对于大多数型号的 Arduino，其内部参考电压为 1.1V。Arduino Mega 可以提供两个内部参考电压：1.1V 和 2.56V。因为 Arduino Mega 能够提供两个内部参考电压，所以它相应地具有两个参数：INTERNAL1V1 表示 1.1V 参考电压，INTERNAL2V56 表示 2.56V 参考电压。

EXTERNAL：将施加在 AREF 引脚上的电压（仅限 0～5V）用作参考电压。这里需要注意的是，Arduino 只能接受不超过 5V 的参考电压，因此不能将参考电压调整到超过 5V。如果需要检测超过 5V 的电压，则必须使用电阻将输入电压降低到 Arduino 可接受的范围。

10.1.5 模拟输出接口的相关函数

Arduino 的 PWM 功能可以在特定数字接口上实现模拟输出。使用 PWM 功能的函数为 analogWrite()：

```
analogWrite(pin, dutycycle);
```

pin 指定使用的数字接口编号；dutycycle 为占空比，即数字脉冲信号输出为高电平的时间。需要特别注意的是，这里的占空比不是百分比，而是 0～255 的数值。255 对应 100%的占空比，相应输出 5V 模拟电压。

这里不需要使用 pinMode()函数来设置接口模式，analogWrite()函数会自动完成相应设置。

10.2 Arduino 之摇杆

双轴按键摇杆模块（见图 10.2）也叫游戏摇杆、控制杆传感器，经常用作航模遥控、游戏手柄。双轴按键摇杆模块由两个高精度电位计和一个按键开关构成，用于控制键盘等，可以自由地控制方向。

双轴按键摇杆模块的原理图如图 10.3 所示。该模块有 5 个引脚：GND 表示接地；+5V 表示 5V 电源供电；VRx 和 VRy 为两路模拟输出接口，其输出值分别对应摇杆(X,Y)双轴偏移量；SW 是一路数字输出接口，其输出值表示用户是否在 Z 轴上按下。当拨动摇杆时，滑动变阻器的阻值就会发生变化，对应输出的两路 X/Y 模拟电压也随之变化；而当用力按下摇杆时，会触发按键被按下，对应的 SW 信号变为低电平。

图 10.2 双轴按键摇杆模块

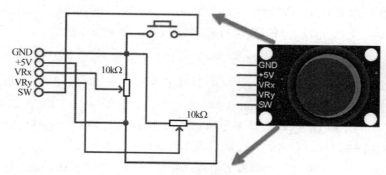

图 10.3 双轴按键摇杆模块的原理图

10.2.1 系统连接

按照下面的步骤搭建电路。

（1）将双轴按键摇杆模块的+5V 和 GND 引脚分别连接 Arduino UNO 上的 VCC 与 GND 引脚。

（2）将双轴按键摇杆模块的 VRx 和 VRy 引脚分别连接 Arduino UNO 的模拟接口 A0、A1。

（3）将双轴按键摇杆模块的 SW 引脚连接 Arduino UNO 的数字接口 7。

图 10.4 所示为该电路连接示意图。

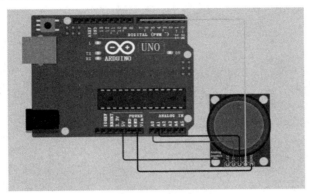

图 10.4　电路连接示意图

10.2.2　流程图

在检测模拟输入的过程中，首先对串口和数字接口进行初始化，在主程序中，分别读取 A0 和 A1 接口的模拟信号；再读取数字接口 7 的数字信号；最后通过串口打印数据，如图 10.5 所示。

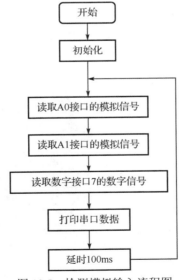

图 10.5　检测模拟输入流程图

10.2.3　程序设计

在初始化程序中，将数字接口 7 设置为启用上拉电阻的数字输入模式，为了能够实时观测摇杆返回的双轴偏移量，需要在初始化程序中开启串口通信。在循环体中，使用 analogRead() 函数读取模拟接口 A0 和 A1 的模拟信号，并在串口中打印；使用 digitalRead() 函数读取数字接口 7 的数字信号，并在串口中打印。

```
int value = 0;
void setup() {
  pinMode(7,INPUT_PULLUP);
  Serial.begin(9600);
}
void loop() {
  value = analogRead(A0);
  Serial.print("X:");
  Serial.print(value,DEC);
  value = analogRead(A1);
  Serial.print("| Y:");
  Serial.print(value,DEC);
  value = digitalRead(7);
  Serial.print("| Z:");
  Serial.print(value,DEC);
  delay(100);
}
```

这里，loop()函数中增加了 delay()函数，目的是让信息在串口监视器窗口中间歇输出。

10.2.4　烧写

搭建完电路后，烧写程序，打开串口监视器。拨动摇杆，可以看到对应的双轴偏移量在串口监视器窗口中输出；按下摇杆，可以观测到按键信号发生变化，如图 10.6 所示，实物图如图 10.7 所示。

图 10.6　改变 Arduino 输入电压时的程序输出

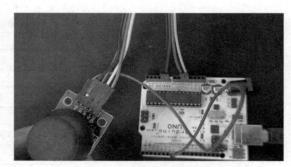

图 10.7　摇杆实验实物图

10.3　Arduino 之呼吸灯

呼吸灯的灯光由亮到暗逐渐变化，感觉好像是人在呼吸，因此称之为呼吸灯。利用 Arduino

的模拟输出功能可以控制 LED 的亮度，实现呼吸灯效果。

前面提到，Arduino 通过输出 PWM 实现输出模拟信号的功能。PWM 的参数包括 3 个，分别是幅度、周期和占空比，如图 10.8 所示。占空比越大意味着等效电平越高。在 Arduino UNO 中，幅度为 5V，周期约为 2ms，占空比可以通过函数进行设置。

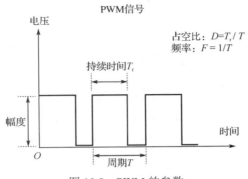

图 10.8　PWM 的参数

当设置的 PWM 信号的占空比增大时，呼吸灯的亮度逐渐提升；同样，当占空比减小时，呼吸灯的亮度逐渐降低。通过 Arduino 中的 analogwrite() 函数来控制占空比，实现呼吸灯效果。

10.3.1　系统连接

本节通过呼吸灯实验验证 PWM 输出功能，实验中需要使用 LED 和阻值为 $100\sim500\Omega$ 的电阻。这里以数字接口 9 作为模拟输出引脚，系统连接步骤如下。

（1）将 LED 与电阻串联。

（2）将数字接口 9 接至 LED 正极。

（3）将 GND 引脚接至 LED 负极。

图 10.9 所示为 PWM 呼吸灯电路连接示意图。

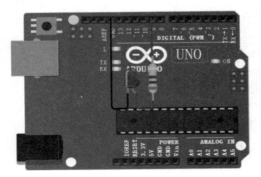

图 10.9　PWM 呼吸灯电路连接示意图

10.3.2　流程图

首先对引脚进行初始化，在主程序中，先按照占空比线性递增的方式输出模拟信号，然后按照占空比线性递减的方式输出模拟信号，最后延时数秒，如图 10.10 所示。

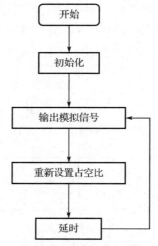

图 10.10　PWM 呼吸灯流程图

10.3.3　程序设计

在初始化程序中，将数字接口 9 设置为输出引脚。在函数体中，使用 analogWrite()函数控制引脚的输出。使用循环语句控制引脚输出的占空比随循环的进行而增大或减小。程序设计的源代码如下：

```
int led = 9;
void setup() {
  pinMode(led, OUTPUT);
}
void loop() {
  for (int a=0; a <= 255;a++){//循环语句，控制呼吸灯亮度提升
    analogWrite(led, a);
    delay(10);//当前亮度级别维持的时间，单位为ms
  }
  for (int a=255; a>=0;a --){//循环语句，控制呼吸灯亮度降低
    analogWrite (led, a);
    delay(10);//当前亮度级别维持的时间，单位为ms
  }
  delay(1000);//完成一个循环后等待的时间，单位为ms
}
```

10.3.4　烧写

搭建完电路后，烧写程序，可以观察到 LED 的亮度不断地先提升后降低，呈现"呼吸"效果，如图 10.11 所示。在示波器中可以观察到输出的 PWM 波的占空比不断变化，而频率和幅度不变。示波器和逻辑分析仪测量的输出电平如图 10.12 所示。

图 10.11　呼吸灯实验结果

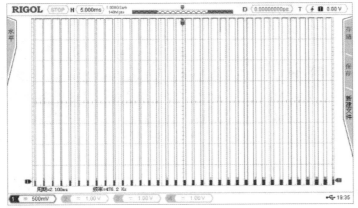

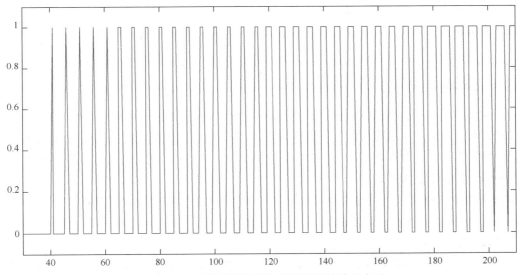

图 10.12　示波器和逻辑分析仪测量的输出电平

10.4　小结

　　本章详细探讨了 Arduino 的模拟输入/输出接口及其实际应用。首先，介绍了模拟接口的工作原理，包括模数转换和数模转换的基本概念，以及 Arduino 如何通过这些技术处理模拟信号；然后，深入讲解了 Arduino 的模拟输入/输出接口的位置，以及相关函数（如 analogRead()和 analogWrite()）的使用方法；最后，提供了两个具体的应用实例，即使用摇杆模块进行模拟输入和通过 PWM 技术实现呼吸灯效果。

第 11 章

蜂鸣器实验

蜂鸣器是一种电子元件,用于产生声音信号。它通常由振荡器和扬声器组成。蜂鸣器的振荡器会产生一种特定频率的电信号,这个电信号通过扬声器转化为声音信号。蜂鸣器广泛应用于各种电子设备中,如闹钟、电子游戏、电子器具等,用于提供警报、提示和音效等功能。蜂鸣器可以发出不同的声音,如单音、多音、警报音等,具体声音的种类和频率取决于蜂鸣器的设计与应用需求。

本章实现功能:

1. 用 Arduino 驱动蜂鸣器发声。
2. Arduino 电子琴实验。

11.1 蜂鸣器的工作原理

蜂鸣器是一种一体化结构的电子讯响器,采用直流电压供电,在各类电子产品中用作发声器件。蜂鸣器按其构造方式的不同可分为电磁式蜂鸣器和压电式蜂鸣器,按其驱动方式的原理不同可分为有源蜂鸣器和无源蜂鸣器。压电式蜂鸣器是以压电陶瓷的压电效应来带动金属片的振动而发声的;电磁式蜂鸣器利用电磁原理,通电时将金属振动膜吸下,不通电时依靠金属振动膜的弹力弹回。有源蜂鸣器与无源蜂鸣器中的"源"不是指电源,而是指振荡源。也就是说,有源蜂鸣器内部带有振荡源,因此只要通电就会鸣叫;而无源蜂鸣器内部则不带有振荡源,因此,直流信号无法令其鸣叫,必须用 2～5kHz 的方波驱动它,但其声音频率可控,可以做出"不同音阶"的效果。有源蜂鸣器的一个引脚较长,为正极输入;无源蜂鸣器的引脚长度相同,并且在电路板上面写有正、负极。有源蜂鸣器和无源蜂鸣器的实物图如图 11.1 所示。

图 11.1 有源蜂鸣器和无源蜂鸣器的实物图

Arduino 为蜂鸣器控制设计了一个专用函数 tone(pin, frequency, duration)，其中，pin 指输出引脚；frequency 指输出频率（单位为 Hz）；duration 为声音持续的时间（单位为 ms），该参数可以不填，不填时将持续输出。相应地，还有一个 noTone(pin) 函数，用于停止指定引脚上的方波输出。

11.2　Arduino 之蜂鸣器

11.2.1　系统连接

按照如图 11.2 所示的方式搭建电路，将无源蜂鸣器的两极分别连接至 GND 引脚和 A0 接口。

图 11.2　驱动无源蜂鸣器电路图

11.2.2　程序设计

在程序中，首先对输出引脚进行初始化设置，然后在 loop() 函数中实现无源蜂鸣器发声的功能。在程序中，定义各个音高的频率，在数组 tune 中记录每个音符的音高，在数组 durt 中记录每个音符演奏的节拍数。本实验以乐曲《小星星》的前 4 个小节为例，这 4 个小节的简谱如图 11.3 所示。按照简谱中的音符和节拍编写数组 tune 与 durt。

| 1　1　5　5 | 6　6　5　- | 4　4　3　3 | 2　2　1　- |

图 11.3　实验使用的 4 个小节的简谱

在函数的循环体中，使用 tone() 函数播放指定频率的音符，使用延时函数控制节拍。主程序的源代码如下：

```
#define NTC1 262 //Do 哆
#define NTC2 294 //Re 来
#define NTC3 330 //Mi 咪
#define NTC4 350 //Fa 发
#define NTC5 393 //Sol 嗦
#define NTC6 441 //la 拉
```

```
#define NTC7 495 //Si 西
int tune[]={
  NTC1,NTC1,NTC5,NTC5,NTC6,NTC6,NTC5,
  NTC4,NTC4,NTC3,NTC3,NTC2,NTC2,NTC1
};
int durt[]={
  1,1,1,1,1,1,2,
  1,1,1,1,1,1,2
};
int length;
int tonepin = A0;//使用 A0 接口
void setup() {
  pinMode(tonepin,OUTPUT);
  length = sizeof(tune) / sizeof(tune[0]); // 计算乐谱长度
}
void loop() {
  for (int i = 0; i<length ; i++){
    tone(tonepin,tune[i]);// 播放指定频率的音符
    delay(250*durt[i]);     // 使用延时函数控制节拍
    noTone(tonepin);         // 停止发声
  }
  delay(2000);
}
```

11.2.3 烧写

搭建完电路后，烧写程序，可以听到蜂鸣器按照设定循环演奏乐曲。通过示波器可以观察到输出引脚的电压波形，可以看到不同频率的方波，如图 11.4 所示。

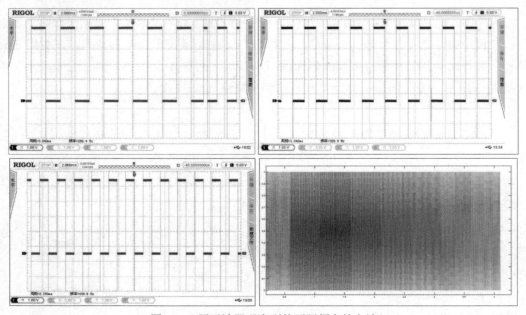

图 11.4　用示波器观察到的不同频率的方波

11.3　Arduino 之电子琴

电子琴相信大家比较熟悉，通过按下按键，可以演奏出简单而美妙的音乐，从而创造出个性化的音乐作品。本实验利用按键开关和蜂鸣器设计一个简单的电子琴。这里提供了一个初步的框架，读者可以通过增加更多按键、改进代码或添加传感器等方式进一步扩展和定制电子琴的功能。

11.3.1　系统连接

将 7 个按键开关一端连接至 GND，另一端连接至 Arduino UNO 的数字接口 2～8，数字接口 9 连接至蜂鸣器，如图 11.5 所示。

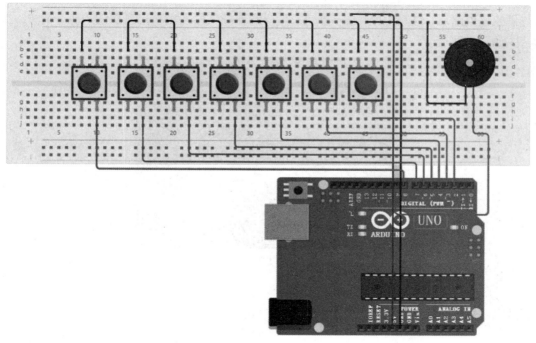

图 11.5　电子琴连接示意图

11.3.2　程序设计

将各个按键对应的频率通过数组进行记录。在程序中，首先对输出引脚进行初始化设置，需要将输入引脚设置为上拉输入模式；然后在 loop()函数中判断各个引脚对应的按键是否被按下，根据被按下的按键驱动蜂鸣器发声。程序源代码如下：

```
int tune[]={495,441,393,350,330,294,262};
void setup() {
  for(int i=2;i<9;i++){
    pinMode(i,INPUT_PULLUP);
```

```
    }
  pinMode(9,OUTPUT);
}
void loop() {
  for(int i=2;i<9;i++){
    if(digitalRead(i)==0){
      tone(9,tune[i-2],20);
    }
  }
  noTone(30);
  delay(30);
}
```

11.3.3 烧写

搭建完电路后，烧写程序，按下按键，可以发现蜂鸣器发出设定频率的声音。本实验实物测试图如图 11.6 所示。

图 11.6 本实验实物测试图

11.4 小结

本章介绍了蜂鸣器的工作原理及其在 Arduino 中的应用；讲解了如何使用 Arduino 控制蜂鸣器发声，并通过实验演示了播放简单音乐和制作电子琴的过程；展示了蜂鸣器的基本应用，以及进一步探索和扩展相关项目的基础。

第 12 章

Arduino 之电机

电机是一种通过电磁感应定律实现电能转换和传递的电磁装置，常用于产生驱动转矩，作为机械的动力源。本章介绍如何使用 Arduino 驱动电机。

本章实现功能：

1．Arduino 控制直流电机工作。
2．Arduino 控制伺服电机工作。

12.1　电机分类

电机根据其工作电源和用途的不同可以分为多种类型。

按照工作电源可以将电机分为直流电机、交流电机和交直流电机。直流电机利用直流电流在磁场中产生扭矩，使电机转动。交流电机又可以细分为感应电机和同步电机，感应电机通过在转子中感应出的电流产生转矩，是一种常见的异步电机；同步电机随交流电源的激励电源的变化同步旋转。

按照用途可以将电机分为直流电机、伺服电机和步进电机。直流电机只需连接电源即可转动，平均电压决定转速。伺服电机工作在直流电压下，将电压信号转换为转矩和转速，内置电路可以对输出轴进行角度反馈，以此来实现控制模型的运行方向，又称舵机。步进电机按步骤对电机进行脉冲驱动，每个脉冲使电机旋转一个固定的步距。常见的直流电机、伺服电机和步进电机如图 12.1 所示。

　　（a）直流电机　　　　　　　　（b）伺服电机　　　　　　　　（c）步进电机

图 12.1　常见的直流电机、伺服电机和步进电机

12.2 Arduino 之直流电机

直流电机的正、负极两根引线在连接直流电源后，直流电机便开始转动，如果交换两根引线的正、负极，则直流电机会反向旋转。接入直流电机的平均电压决定了直流电机的转速，一般通过 PWM 波的占空比来控制平均电压，占空比越大，转速越高。

为了方便地控制直流电机的旋转方向，常使用 H 桥电路来控制直流电机。有了 H 桥电路，无须交换引脚，就能控制直流电机的旋转方向。如图 12.2 所示，H 桥一般由 4 个开关元件构成，当其中的 Q1、Q4 导通，Q2、Q3 截止时，电流会按照如图 12.2（a）曲线方向通过直流电机，此时电流从直流电机的正极流入，直流电机正转；当其中的 Q1、Q4 截止，Q2、Q3 导通时，电流从直流电机的负极流向正极[见图 12.2（b）]，直流电机反转。

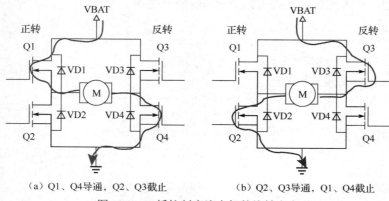

(a) Q1、Q4导通，Q2、Q3截止 　　　　(b) Q2、Q3导通，Q1、Q4截止

图 12.2　H 桥控制直流电机的旋转方向

12.2.1　系统连接

实验通过驱动芯片 TB6612 来控制电机，按照下面的步骤搭建电路。

（1）将驱动芯片 TB6612 的 VCC 和 VM 引脚连接 Arduino UNO 的 VCC 引脚。

（2）将驱动芯片 TB6612 的 GND 引脚连接 Arduino UNO 的 GND 引脚。

（3）将驱动芯片 TB6612 的 A01 和 A02 引脚分别连接电机两端。

（4）将驱动芯片 TB6612 的 AIN1 和 AIN2 引脚分别连接 Arduino UNO 的数字接口 3 和 2。

（5）将驱动芯片 TB6612 的 STBY 和 PWMA 引脚分别连接 Arduino UNO 的数字接口 4 和 5。

图 12.3 所示为该电路连接示意图。

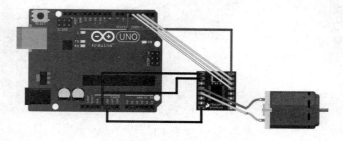

图 12.3　直流电机控制电路连接示意图

12.2.2　流程图

在检测模拟输入的过程中，在初始化程序中设置各个引脚为输出引脚，使能控制引脚，在循环中控制驱动芯片各端的通断，使电机正转或反转。每次切换 H 桥两端的电平，延时 5s，便于观察电机的旋转方向。直流电机控制流程图如图 12.4 所示。

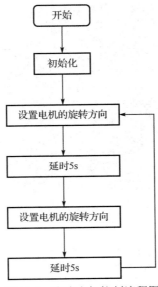

图 12.4　直流电机控制流程图

12.2.3　程序设计

在初始化程序中，设置各个引脚为输出引脚，使能控制引脚，控制芯片 AIN1 和 AIN2 端的电平，使电机正转或反转。程序源代码如下：

```
void setup() {
  pinMode(5, OUTPUT);
  pinMode(4, OUTPUT);
  pinMode(3, OUTPUT);
  pinMode(2, OUTPUT);
  digitalWrite(2,HIGH);
  analogWrite(5,64);//将占空比设置为25%
}
void loop() {
  //正转
  digitalWrite(3,HIGH);
  digitalWrite(4,LOW);
  delay(5000);
  //反转
  digitalWrite(3,LOW);
  digitalWrite(4,HIGH);
  delay(5000);
}
```

12.2.4 烧写

搭建完电路后，烧写程序，可以发现电机先正转 5s，然后反转 5s，如此循环往复。

修改占空比，重新烧写程序，观察电机转速的改变情况。直流电机控制实验实物图如图 12.5 所示。

图 12.5 直流电机控制实验实物图

12.3 Arduino 之伺服电机

常用的伺服电机一般有 3 个引脚，一个为 5V 供电引脚，一个为 GND 引脚，一个为角度控制信号线，脉冲宽度决定输出轴的角度。伺服电机接口图如图 12.6 所示。

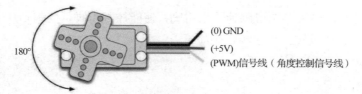

图 12.6 伺服电机接口图

以 180°舵机为例，当脉冲宽度为 1.5ms 时，舵机将位于 90°位置；当脉冲宽度小于 1.5ms，舵机位置更接近 0°位置；当脉冲宽度大于 1.5ms，舵机位置更接近 180°位置。若每次发送的脉冲宽度不变，则转轴角位置不变。脉冲宽度和伺服电机角度的关系如图 12.7 所示。

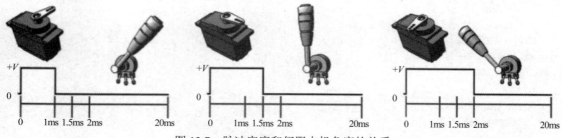

图 12.7 脉冲宽度和伺服电机角度的关系

12.3.1　系统连接

实验通过读取电位器的模拟电压获取电位器的旋转情况，进而改变电机角度，系统连接步骤如下。

（1）将电机的 5V 和 GND 引脚分别连接 Arduino UNO 的+5V 与 GND 引脚。

（2）将电位器的 VCC 和 GND 引脚分别连接 Arduino UNO 的+5V 和 GND 引脚。

（3）将电机信号线连接至 Arduino UNO 的数字接口 6。

（4）将电位器输出连接至 Arduino UNO 的模拟输入接口 A0。

图 12.8 所示为该电路连接示意图。

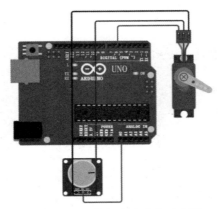

图 12.8　伺服电机电路连接示意图

12.3.2　流程图

对引脚进行初始化，在主函数中，读取模拟输入接口 A0 的模拟输入电压，将模拟输入电压对应的 0～1023 等比映射至电机角度 0～180°，由数字接口 6 输出 PWM 波，控制电机角度，如图 12.9 所示。

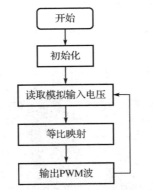

图 12.9　伺服电机实验流程图

12.3.3　程序设计

本程序使用到了 Servo 库，该库可让 Arduino UNO 控制各种伺服电机；使用到的相关函数包括 attach()、write()。

（1）使用 Servo 库设置输出引脚——attach()：

```
servo.attach(pin,min,max);
```

servo：伺服类型变量。

pin：伺服电机连接的控制引脚。

min：伺服电机最小角度对应的脉冲宽度，单位为μs，默认为 544。

max：伺服电机最大角度对应的脉冲宽度，单位为μs，默认为 2400。

（2）使用 Servo 库设置输出角度——write()：

```
servo.write(angle);
```

servo：伺服类型变量。

angle：伺服电机设置的角度，0～180°。

程序设计的源代码如下：

```
#include <Servo.h>
int val;
int analogPin =0;
Servo myservo;
void setup() {
  myservo.attach(6);
}
void loop() {
  val = analogRead(analogPin);
  val = map(val, 0, 1023, 0, 180);
  myservo.write(val);
  delay (15);
}
```

12.3.4　烧写

搭建完电路后，烧写程序，旋转电位器，可以发现伺服电机的角度发生了变化。伺服电机实验结果如图 12.10 所示。

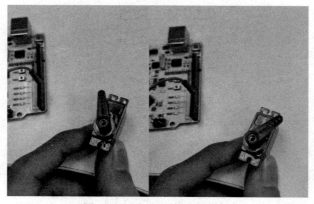

图 12.10　伺服电机实验结果

12.4　小结

　　本章介绍了如何使用 Arduino 控制电机，重点讲解了直流电机和伺服电机的驱动方法。对于直流电机，通过 H 桥电路和 TB6612 驱动芯片实现电机的正反转控制和速度调节。实验中使用 Arduino 的数字 I/O 接口输出 PWM 信号来控制电机的转速和方向。对于伺服电机，利用 PWM 来精确控制其旋转角度。实验通过电位器读取模拟输入，将其映射到 0°～180°的角度范围后输出相应的 PWM 信号，以驱动伺服电机。

第 13 章

Arduino 之旋钮与编码器

前面介绍了 Arduino 读取和控制较为简单的输入/输出设备，如按键、数码管等。本章使用 Arduino 读取和控制更加复杂的输入/输出设备。

本章实现功能：

1. Arduino 读取旋钮电位器的值，控制 LED 的亮度。
2. Arduino 读取旋转编码器的值并通过串口输出。
3. Arduino 通过霍尔编码器测量电机的转速。

13.1　Arduino 之旋钮

13.1.1　工作原理

常用的旋钮主要分为只能旋转有限角度的基于电位器原理的旋钮电位器和可以一直旋转的基于编码器原理的旋转编码器。

下面首先介绍旋钮电位器的工作原理。图 13.1 所示为旋钮电位器模块实物图。该模块共引出 3 个引脚，分别为 GND、VCC、OUT。

旋钮电位器本质上是电位器（又称滑动变阻器），其内部电路图如图 13.2 所示。通过转动旋钮的方式改变 R1 和 R2 的阻值（R1 和 R2 的阻值的总和恒定），进而改变 OUT 引脚输出的电压，OUT 引脚输出的电压范围为 VCC 引脚接入的电压到 0。

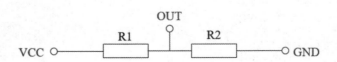

图 13.1　旋钮电位器模块实物图　　　　　　　图 13.2　旋钮电位器的内部电路图

旋转编码器模块实物图如图 13.3 所示。该模块通常引出 5 个引脚，分别是 CLK（A 相）、

DT（B 相）、SW、+（VCC）、GND。旋转编码器相较于旋钮电位器可以一直旋转，旋转手感差距较大，能感受到明显的段落感。

图 13.3　旋转编码器模块实物图

旋转编码器的内部结构如图 13.4 所示。旋转编码器内部设有一个开槽圆盘，连接公共接地引脚 C（对应模块的 GND 引脚），以及两个上拉到 VCC（对应模块的+引脚）的触针 A（对应模块的 CLK 引脚）和 B（对应模块的 DT 引脚）。旋钮旋转时，触针 A、B 间歇性地接触圆盘，使得触针的电平发生跳变，进而产生方波。由于触针 A 和 B 接地存在先后顺序，因此两路方波信号会产生 90°的相位差，旋钮顺时针旋转时触针 A 先于 B 接地，A 相超前 B 相 90°；旋钮逆时针旋转时触针 B 先于 A 接地，B 相超前 A 相 90°。要获取当前旋钮的旋转方向，可以通过比较触针 A 的电平改变时触针 B 的电平来实现。当触针 A 的电平改变时，如果触针 B 的电平与触针 A 的电平不相等，则旋钮顺时针旋转；反之，旋钮逆时针旋转。旋转编码器一般会内置一个按键，其原理和前几章介绍的按键的原理相同。

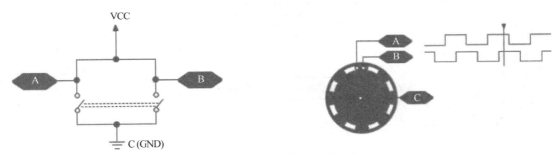

图 13.4　旋转编码器的内部结构

13.1.2　系统连接

旋钮电位器与 Arduino UNO 的连接示意图如图 13.5 所示，旋钮电位器的 VCC 引脚连接 Arduino UNO 的+5V 引脚，GND 引脚连接 Arduino UNO 的 GND 引脚，OUT 引脚连接 Arduino UNO 的模拟接口 A0；LED 的正极通过一个限流电阻连接 Arduino UNO 的数字接口 9，负极连接 Arduino UNO 的 GND 引脚。

旋转编码器与 Arduino UNO 的连接示意图如图 13.6 所示，旋转编码器的 VCC 引脚连接 Arduino UNO 的+5V 引脚上，GND 引脚连接 Arduino UNO 的 GND 引脚上，CLK 引脚连接 Arduino UNO 的数字接口 2，DT 引脚连接 Arduino UNO 的数字接口 3，SW 引脚连接 Arduino UNO 的数字接口 4。

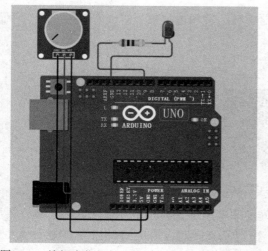
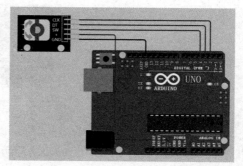

图 13.5 旋钮电位器与 Arduino UNO 的连接示意图　图 13.6 旋转编码器与 Arduino UNO 的连接示意图

13.1.3 流程图

旋转电位器的系统设计较为简单，初始化串口后，首先在循环中不断读取模拟接口 A0 的电压，并根据电压的高低控制 LED 的亮度，然后将读取到的数值通过串口输出到个人计算机，如图 13.7 所示。

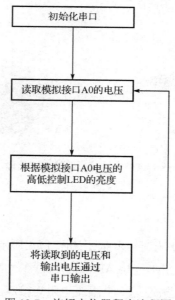

图 13.7 旋钮电位器程序流程图

旋转编码器的系统除在主循环中读取按键电平、判断旋钮顺时针旋转和逆时针旋转外，还需要使用中断，当 Arduino UNO 的数字接口 2 输入的电平发生变化时触发中断，中断服务函数根据数字接口 2 和 3 的电平状态判断旋转编码器读数应该自增还是自减，如图 13.8 所示。

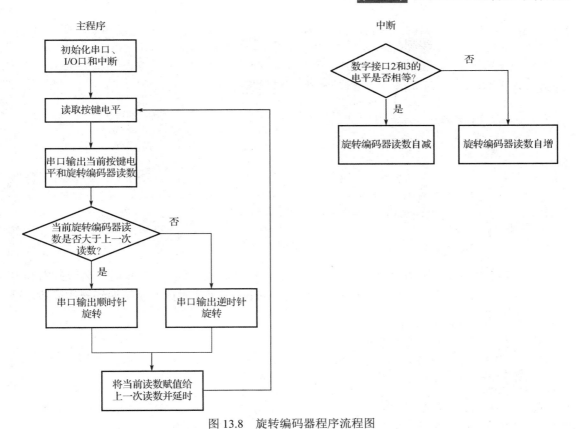

图 13.8　旋转编码器程序流程图

13.1.4　程序设计

根据程序流程图，旋钮电位器的处理全部放在 loop() 函数中，因此程序代码如下：

```
// 定义旋钮电位器模拟信号输入引脚
const int analogInPin= A0;
// 定义 LED 数字信号输出引脚
const int analogOutPin = 9;
// 定义旋钮电位器模拟信号数值变量
int sensorValue= 0;
// 控制 LED 亮度的模拟信号数值
int outputValue= 0;

void setup() {
//初始化串口
    Serial.begin(9600);

}

void loop() {
    // 读取旋钮电位器的数值
```

```
    sensorValue = analogRead(analogInPin);
    // 转换模拟信号的数值范围，将 0～1023 映射到 0～255
    outputValue = map(sensorValue, 0, 1023, 0, 255);
    // 将转换后的数值应用给 LED，以此来控制 LED 的亮度
    analogWrite(analogOutPin, outputValue);
    // 向串口监视器窗口打印数值
    Serial.print("sensor = ");
    Serial.print(sensorValue);
    Serial.print("\t output = ");
    Serial.println(outputValue);
    // 延时 200ms，进入下一个 loop()循环
    delay(200);
}
```

　　旋转编码器的程序除需要在 loop()函数中处理按键电平的读取、顺/逆时针旋转判断和串口输出信息外，还需要定义一个中断服务函数 doEncoder()来实时读取旋转编码器的读数，因此程序代码如下：

```
// 定义旋转编码器 A 相数字输入引脚
#define encoder0PinA 2
// 定义旋转编码器 B 相数字输入引脚
#define encoder0PinB 3
// 定义旋转编码器按钮数字输入引脚
#define encoder0Btn  4
// 定义旋转编码器位置变量
int encoder0Pos;
// 定义当前及上一次旋转编码器读数变量
int valRotary,lastvalRotary;

void setup() {
    // 开启串口通信，将波特率设置为 9600Baud
    Serial.begin(9600);
    // 设置数字引脚为上拉输入模式
    pinMode(encoder0PinA,INPUT_PULLUP);
    pinMode(encoder0PinB,INPUT_PULLUP);
    pinMode(encoder0Btn,INPUT_PULLUP);
    // 设置中断服务函数，引脚电平改变时触发
    attachInterrupt(0,doEncoder,CHANGE);
}

void loop() {
    // 读取按键的电平
    int btn = digitalRead(encoder0Btn);
    // 向串口监视器窗口打印数值
    Serial.print(btn);
    Serial.print(" ");
    Serial.print(valRotary);
    // 当前旋转编码器的读数大于上一次读数，判断为顺时针旋转
```

```
    if(valRotary > lastvalRotary)
    {
      Serial.print(" CW");
    }
    // 当前旋转编码器的读数小于上一次读数，判断为逆时针旋转
    else if(valRotary < lastvalRotary)
    {
      Serial.print(" CCW");
    }
    // 将当前旋转编码器的读数赋给上一次旋转编码器的读数
    lastvalRotary = valRotary;
    // 向串口监视器窗口打印数值
    Serial.println(" ");
    // 延时 250ms
    delay(250);
}

void doEncoder()
{
    // A 相和 B 相的电平相同，旋转编码器位置变量自减
    if(digitalRead(encoder0PinA) == digitalRead(encoder0PinB))
    {
     encoder0Pos--;
    }
    // A 相和 B 相的电平不相同，旋转编码器位置变量自增
    else
    {
      encoder0Pos++;
    }
    valRotary = encoder0Pos/2.5;
}
```

13.1.5　烧写

将旋钮电位器程序烧写到 Arduino UNO 中，转动旋钮，观察到 LED 的亮度随着旋钮的转动发生变化，如图 13.9 所示。在串口监视器窗口中，观察到输出的数值也发生变化，如图 13.10 所示。

图 13.9　旋钮电位器实验效果图

图 13.10　旋钮电位器实验的串口监视器的输出

将旋转编码器程序烧写到 Arduino UNO 中，转动旋钮，按下按键，如图 13.11 所示。在串口监视器窗口中观察到输出的数值发生变化，如图 13.12 所示。

图 13.11　旋转编码器实验演示图

图 13.12　旋转编码器实验的串口监视器的输出

13.2　Arduino 之编码器

13.2.1　工作原理

13.1 节介绍的旋转编码器为机械式编码器，本节以霍尔编码器为例介绍非机械式编码器，并介绍其在电机控制领域的应用。

霍尔编码器是一种通过磁电转换将输出轴上的机械几何位移量转换成脉冲或数字量的传感器。霍尔编码器是由霍尔码盘和霍尔元件组成的。霍尔码盘在一定直径的圆板上等分地布置有不同的磁极。霍尔码盘与电机同轴，电机旋转时，霍尔元件检测输出信号，为判断电机的旋转方向，一般输出两组存在一定相位差的方波信号。霍尔编码器内部原理图如图 13.13所示。

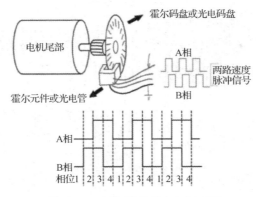

图 13.13　霍尔编码器内部原理图

可以看出，霍尔编码器的输出与 13.1 节中介绍的旋转编码器的输出基本相同。霍尔编码器一般是直接安装在电机上的，其信号接口通常与电机的电源接口一同引出，如图 13.14 所示。

在图 13.14 中，黑色圆盘状的物体就是霍尔编码器。

本节使用的电机驱动芯片为 TB6612。TB6612 是东芝公司生产的一款直流电机驱动器件，它具有大电流 MOSFET-H 桥结构，双通道电路输出，可以同时驱动两台电机。它与 L298N 相比有着无须外加散热片，外围电路简单，只需外接电源滤波电容就可以直接驱动电机，利于减小系统尺寸的优点。Arduino 控制 TB6612 的相关知识在第 12 章中介绍过，这里不再阐述。TB6612 模块实物图如图 13.15 所示。

图 13.14　装有霍尔编码器的电机实物图

图 13.15　TB6612 模块实物图

13.2.2　系统连接

电机、TB6612 模块与 Arduino UNO 的连接示意图如图 13.16 所示。装有霍尔编码器的电机的电源正极连接 TB6612 模块的 AO1 引脚，负极连接 AO2 引脚，霍尔编码器的 GND 引脚连接 Arduino UNO 的 GND 引脚，霍尔编码器的 A 相输出连接 Arduino UNO 的数字接口 2。TB6612 模块的 VM 和 VCC 引脚连接 Arduino UNO 的+5V 引脚，GND 引脚连接 Arduino UNO 的 GND 引脚，PWMA 引脚连接 Arduino UNO 的数字接口 5，AIN1 引脚连接 Arduino UNO 的数字接口 3，AIN2 引脚连接 Arduino UNO 的数字接口 4，使能引脚 STBY 连接 Arduino UNO 的数字接口 6。

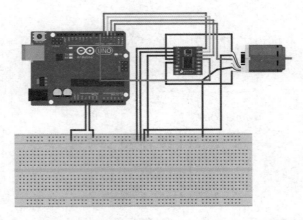

图 13.16　电机、TB6612 模块与 Arduino UNO 的连接示意图

13.2.3　流程图

霍尔编码器实验程序流程图如图 13.17 所示。在主程序的循环中，不停地判断时间间隔，当时间间隔大于或等于测量周期时进行一次转速的测量，转速的测量结果通过串口输出给计算机。中断由 A 相输入引脚的上升沿触发，每触发一次中断，脉冲计数值加 1。

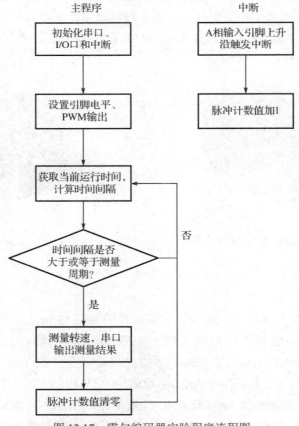

图 13.17　霍尔编码器实验程序流程图

13.2.4　程序设计

根据程序流程图，霍尔编码器实验的程序分为主程序和中断两部分，程序代码如下：

```
#define ENCODER_A 2 //定义编码器 A 相输入引脚
#define AIN1  3  //定义 TB6612 通道 A 控制引脚 AIN1
#define AIN2  4  //定义 TB6612 通道 A 控制引脚 AIN2
#define PWMA  5  //定义控制 TB6612 通道 A 的 PWM 输出引脚
#define TB6612_EN 6 //定义控制 TB6612 使能引脚

int PPR= 390;//电机转一圈，霍尔编码器 A 相产生的脉冲数
int speed_a=80;//Arduino 输出的 PWM 值
volatile long encoderCount = 0;//脉冲计数值
int interval = 1000;//测量时间间隔，单位为 ms
long previousMillis = 0; long currentMillis = 0;//记录时间
float rpm = 0;//转速的测量值

void setup() {
    pinMode(AIN1,OUTPUT);
    pinMode(AIN2,OUTPUT);
    pinMode(PWMA,OUTPUT);
    pinMode(TB6612_EN,OUTPUT);
    pinMode(ENCODER_A, INPUT_PULLUP);
    Serial.begin(9600);
    attachInterrupt(digitalPinToInterrupt(ENCODER_A), ISR_Encoder,RISING);

    digitalWrite(TB6612_EN,HIGH);
    digitalWrite(AIN1,LOW);
    digitalWrite(AIN2,HIGH);
    analogWrite(PWMA,speed_a);
}

void loop() {

    //每秒更新一次转速测量的值
    currentMillis = millis();
    if (currentMillis - previousMillis >= interval)
    {
      previousMillis = currentMillis;
      //计算电机转速，在 5V 供电电压下，电机转速不宜过大，为了显示方便，将转速放大为实际的 100 倍
      rpm = ((float)encoderCount/PPR)*(1000/interval)*100;

      // 串口监视器窗口中显示 Arduino UNO 测量到的电机转速
      Serial.print("Measured RPM: ");
      Serial.print(rpm);
      Serial.println(" ");

      //脉冲计数数值清零，为下一次的测量做准备
```

```
        encoderCount = 0;
    }

}

//霍尔编码器 A 相输入触发中断函数
void ISR_Encoder()
{
    encoderCount++;
}
```

13.2.5　烧写

将霍尔编码器程序烧写到 Arduino UNO 中，观察到直流电机匀速缓慢转动，如图 13.18 所示。通过串口监视器可以查看电机转速的测量值，如图 13.19 所示。

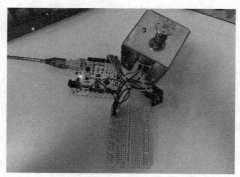

图 13.18　霍尔编码器实验演示图

输出　串口监视器 ×				
消息（按回车将消息发送到"COM3"上的"Arduino Uno"）			换行	波特率 9600

```
Measured RPM: 74.10
Measured RPM: 73.85
Measured RPM: 74.10
Measured RPM: 73.85
Measured RPM: 74.10
Measured RPM: 73.85
Measured RPM: 74.10
Measured RPM: 73.85
Measured RPM: 74.10
Measured RPM: 73.85
Measured RPM: 74.10
Measured RPM: 73.85
Measured RPM: 73.85
Measured RPM: 74.10
Measured RPM: 73.85
```

图 13.19　霍尔编码器实验的串口监视器输出

13.3　小结

本章首先介绍了两种常用的旋钮，分别是旋钮电位器和旋转编码器，其相较于之前章节介绍的输入/输出设备，需要编写更加复杂的程序驱动，复习了串口通信、模拟输入/输出、中断等知识；然后结合第 12 章学习的知识，介绍了如何通过霍尔编码器测量电机转速，为电机的闭环控制等更复杂的电机控制打好了基础。

（此处为图标）

第 14 章

Arduino 之传感器

传感器在现代社会中发挥着重要的作用，它是将物理世界的信息转换为可量测、可传输的电信号的设备。本章以 DHT11、MPU-6050、HC-SR04 这几种常用的传感器为例介绍其原理，以及如何使用 Arduino 控制这些传感器采集数据。

本章实现功能：

1．用 Arduino 单片机读取 DHT11 采集的温度和湿度数据，并通过串口打印出来。

2．用 Arduino 单片机读取 MPU-6050 测量的加速度、角速度和温度数据并通过串口打印出来。

3．用 Arduino 单片机控制 HC-SR04 超声波模块进行测距，并将测得的距离显示在 LCD-1602 上。

14.1　Arduino 之 DHT11 温湿度传感器

14.1.1　工作原理

典型的温湿度传感器包括 SHT11、DHT11、DHT22、HTU21D、MTH01-SPI 等，DHT11 是常用的一种温湿度传感器，有 4 个引脚。DHT11 的内部结构包括一个电阻式湿度传感器和一个 NTC 温度传感器，并与一个封装在 DHT11 内部的高性能 8 位微处理器相连接。通过单线制串口进行微处理器和 DHT11 之间的通信与同步，最终由 DHT11 通过引脚将数据传输到单片机上。

图 14.1 所示为 DHT11 温湿度传感器示意图，从正面看，从左到右的 4 个引脚依次为 VCC、DATA、NC、GND。

其中，VCC 引脚用于给 DHT11 供电，电源电压一般为 3～5.5V。

DATA 引脚用于进行单片机和 DHT11 之间的数据传输与通信同步。

NC 引脚是空引脚，一般不接线，悬空即可。存在 NC 引脚的原因是这类小型电子元件的接口一般都是 4 个引脚接口的单列直插式或 8 个引脚接口的双列直插式，为了方便起见，即使是 3 个引脚的 DHT11 也被做成了 4 个引脚。

GND 引脚是接地引脚，即我们通常理解的电源负极。

下面介绍 DHT11 的通信和同步过程，这一过程非常重要且有意义，是本章的重点和难点，需要读者认真理解。

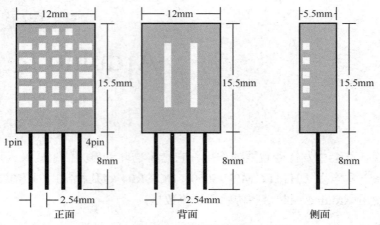

图 14.1　DHT11 温湿度传感器示意图

单片机与 DHT11 之间的通信和同步只需一根总线，即单总线通信。一次通信时间在 4ms 左右，数据分小数部分和整数部分，由于 DHT11 的精度只有±2℃，因此数据中只有整数部分，而小数部分则恒为零。

一次完整的数据传输为 40 位，较高位将被优先传输进入单片机。传输数据的格式为 8 位湿度整数数据+8 位湿度小数数据+8 位温度整数数据+8 位温度小数数据+8 位校验和。在数据传送正确的情况下，校验和数据等于 8 位湿度整数数据+8 位湿度小数数据+8 位温度整数数据+8 位温度小数数据所得结果的末 8 位，如果两者不相等，则说明数据传输出现了错误。

下面对整个通信过程（见图 14.2）进行简单的介绍。

首先，单片机向 DHT11 发送一次开始信号，使 DHT11 激活并触发一次温湿度信号采集；然后，DHT11 在等待单片机发出的开始信号结束后，向单片机发送响应信号，在延时等待后，向单片机逐位地传输 40 位数据。在没有收到单片机发送的开始信号之前，DHT11 不会主动进行温湿度采集。

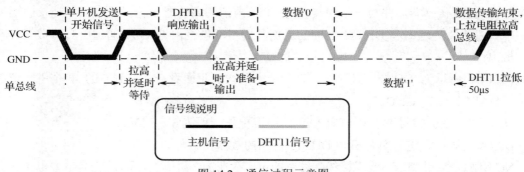

图 14.2　通信过程示意图

下面具体化这一通信过程，通过观察电平的高低变化来理解信号的传输。

在没有触发任何信号传输的空闲状态下，总线为高电平。此时，单片机先把电平拉低，即发送开始信号并延时；然后拉高电平，延时等待 DHT11 的响应。DHT11 收到单片机的开始信号后，首先等待单片机的开始信号结束，然后发送低电平响应信号并延时，最后拉高电平并延时。此时，DHT11 即将进行数据传输，如图 14.3 所示。当单片机处于发送完开始信号后的延时等待阶段时，可读取到 DHT11 发出的响应信号，在读取该响应信号后，即可开始接收 DHT11 传输的数据。待数据传输完毕，DHT11 发送结束信号。

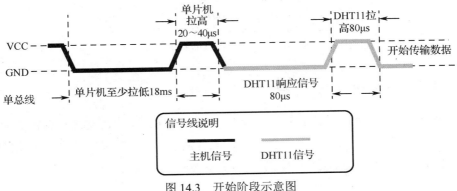

图 14.3 开始阶段示意图

当要通过代码控制 DHT11 的数据传输过程时，不仅需要对上述过程进行理解，还需要掌握 DHT11 与单片机之间的传输协议的具体内容。

单片机发送开始信号时，总线拉低后至少延时 18ms，保证 DHT11 能检测到，之后单片机应延时等待 20～40μs。此时，DHT11 在收到单片机的开始信号后，发送的 80μs 响应信号和拉高 80μs 是 DHT11 的特性，事实上不需要我们的代码来控制。因此，在单片机成功接收 DHT11 的响应信号后，准备接收 DHT11 传输的数据，每位数据都以 50μs 低电平开始，高电平持续时间的长短决定了该数据位是 0 还是 1。当高电平持续时间在 27μs 左右时，说明该数据位是 0；如果高电平持续时间为 70μs，则该数据位是 1。如果读取的响应信号一直为高电平，则说明 DHT11 没有响应，很可能是线路没有正常连接。当最后一位数据传输完成后，DHT11 拉低总线 50μs，随后总线由上拉电阻拉高进入空闲状态。

数字 0 信号的表示方法如图 14.4 所示。

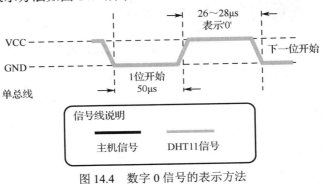

图 14.4 数字 0 信号的表示方法

数字 1 信号的表示方法如图 14.5 所示。

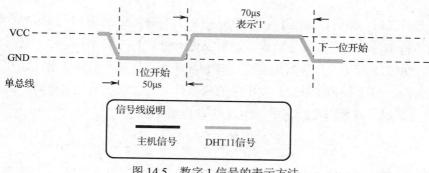

图 14.5　数字 1 信号的表示方法

14.1.2　DHT Sensor 库介绍

DHT Sensor 库是一个可以让 Arduino 驱动 DHT11、DHT22 等温湿度传感器的库，用户可以不需要详细了解单片机和 DHT11 之间通信的具体流程，在以实例化类的方式设置硬件参数之后，即可调用该库提供的函数获取温湿度传感器测量的温湿度数据。

14.1.3　系统连接

DHT11 模块与 Arduino UNO 的连接示意图如图 14.6 所示。DHT11 模块的 VCC 引脚与 Arduino UNO 的 +5V 引脚相连，DHT11 模块的 GND 引脚与 Arduino UNO 的 GND 引脚相连，DHT11 模块的 DATA 引脚连接到 Arduino UNO 的数字接口 2。

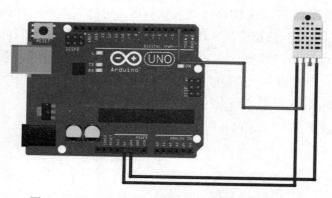

图 14.6　DHT11 模块与 Arduino UNO 的连接示意图

14.1.4　流程图

控制 DHT11 的思路如下：在完成串口和库的初始化之后，调用库提供的函数读取 DHT11 测量的温湿度数据，之后根据读取到的数据判断本次数据读取是否正常，如果正常，则将读取到的数据通过串口发送给计算机；如果不正常，则通过串口向计算机发送数据读取失败的提示。DHT11 实验程序流程图如图 14.7 所示。

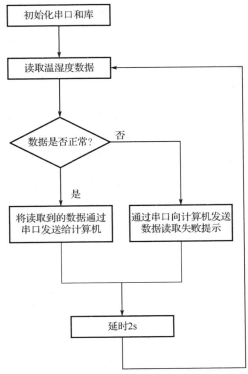

图 14.7 DHT11 实验程序流程图

14.1.5 程序设计

根据程序流程图,可以编写出以下程序代码:

```
#include <DHT.h>
#include <DHT_U.h>

#define DHT_PIN 2//定义 DHT11 连接的引脚
#define DHT_TYPE DHT11//定义使用的传感器类型

 DHT dht(DHT_PIN, DHT_TYPE);//实例化 DHT 类,设置 DHT 控制引脚和 DHT 传感器类型

float humidity;//定义湿度数据变量
float temperature;//定义温度数据变量

void setup() {
    // put your setup code here, to run once:
    Serial.begin(9600);//初始化串口通信,设置波特率为 9600Baud
    dht.begin();//初始化 DHT 传感器
}

void loop() {
    // put your main code here, to run repeatedly:
    //读取温湿度传感器测量的温湿度数据
```

```
humidity = dht.readHumidity();
temperature = dht.readTemperature();

//检测数据是否读取成功
if (isnan(humidity) || isnan(temperature))
{
  Serial.println("DHT 传感器获取数据失败");
}
else
{
  //串口输出温湿度数据
  Serial.print("当前湿度: ");
  Serial.print(humidity);
  Serial.print("%\t");
  Serial.print("当前温度: ");
  Serial.print(temperature);
  Serial.println("°C");
  delay(2000);//延时 2s 后再次读取数据
}

}
```

14.1.6 烧写

将 DHT11 程序烧写到 Arduino UNO 中，通过串口监视器可以查看 DHT11 采集到的温湿度数据。Arduino UNO 与 DHT11 模块的实物连接图如图 14.8 所示，串口监视器的输出如图 14.9 所示。

图 14.8　Arduino UNO 与 DHT11 模块的实物连接图

输出　串口监视器 ×		
消息（按回车将消息发送到"COM6"上的"Arduino Uno"）		操行　▼　波特率 9600　▼

当前湿度: 31.80%	当前温度: 25.40° C
当前湿度: 20.00%	当前温度: 24.90° C
当前湿度: 32.60%	当前温度: 24.90° C
当前湿度: 20.00%	当前温度: 24.90° C
当前湿度: 42.30%	当前温度: 24.90° C
当前湿度: 42.30%	当前温度: 24.90° C
当前湿度: 42.30%	当前温度: 25.00° C
当前湿度: 42.30%	当前温度: 24.90° C
当前湿度: 42.30%	当前温度: 25.00° C
当前湿度: 42.30%	当前温度: 25.00° C

图 14.9　DHT11 实验串口监视器的输出

14.2　Arduino 之 MPU-6050 六轴加速度计

14.2.1　姿态检测介绍

在飞行器控制领域，飞行姿态是非常重要的参数，以飞行器自身建立坐标系，当飞行器相对于坐标系发生旋转时，会对偏航角、横滚角和俯仰角这 3 个姿态角造成影响。

对于姿态角，首先要了解以下两种坐标系。

（1）地理坐标系，这是我们在日常生活中使用的坐标系，其原点在地球表面，或者说被控制的飞行器所在的点，Z 轴沿着重力加速度的方向，X 轴和 Y 轴分别沿着所在地经纬线的切线方向，根据各个轴方向的不同，可选为"东北天""东南天""西北天"等坐标系。地理坐标系示意图如图 14.10 所示。

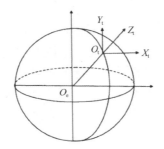

图 14.10　地理坐标系示意图

（2）载体坐标系，是机体坐标系、船体坐标系和弹体坐标系等的统称。载体坐标系的原点位于载体的质心，坐标系一般根据载体自身的结构方向构成。例如，Z 轴的方向为由原点指向载体顶部的方向，Y 轴的方向为由原点指向载体头部的方向，X 轴的方向为由原点指向载体两侧的方向。图 14.11 以汽车为例展示了载体坐标系。

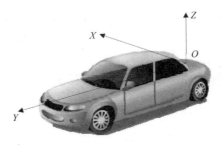

图 14.11　载体坐标系示意图

可以看出，地理坐标系和载体坐标系都可以以载体为原点，因此二者可以通过简单的旋转进行转换，而姿态角（也称欧拉角）就是根据地理坐标系和载体坐标系的夹角来确定的。假设载体初始状态下的自身载体坐标系的 Z 轴、X 轴和 Y 轴分别与地理坐标系的 Z 轴、X 轴和 Y 轴平行，则当载体绕着自身载体坐标系的 Z 轴旋转时，载体坐标系的 Y 轴与地理坐标系的 Y 轴会偏离一定的角度，这个角度称为偏航角（Yaw）；当载体绕着自身载体坐标系的 X 轴旋转时，载体坐标系的 Z 轴与地理坐标系的 Z 轴会偏离一定的角度，这个角度称为俯仰角

（Pitch）；当载体绕着自身载体坐标系的 Y 轴旋转时，载体坐标系的 X 轴与地理坐标系的 X 轴会偏离一定的角度，这个角度称为横滚角（Roll）。3 种姿态角的示意图如图 14.12 所示。

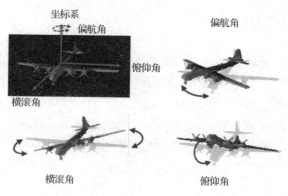

图 14.12　3 种姿态角的示意图

陀螺仪是测量姿态角最常用的器件。陀螺仪直接测量的数据并不是角度而是角速度，可以通过角速度对时间的积分计算出角度。但是由于陀螺仪测量角度时使用积分运算，因此会存在一定的积分误差，而且器件本身也存在一定的测量误差，当陀螺仪静止不动时，会产生静态累计误差。通过引入加速度计来测量姿态角可以有效地减小这种误差，但是由于加速度计是利用重力进行检测的，因此无法测量偏航角。为了解决这个问题，可以再引入磁力计，通过磁力计来测量偏航角。

14.2.2　工作原理

MPU-6050 是 InvenSense 公司推出的全球首款整合性六轴运动传感器，MPU-6050 可以同时检测三轴加速度、三轴角速度的运动数据及温度数据。MPU-6050 自带了数字运动处理器硬件加速器（DMP），可以对传感器测量的数据进行滤波、融合处理，并通过 IIC 接口向主控制器直接输出处理后的数据，可以有效地降低主控制器的数据处理压力。它的姿态解算速率最高可达 200Hz，适用于对姿态控制实时要求较高的场合，如智能平衡小车、四轴飞行器、智能穿戴设备等。MPU-6050 内置了第二个 IIC 接口，可以连接外部的磁力计。此时，MPU-6050 可以向主控制器输出完整的九轴数据。MPU-6050 默认的坐标方向如图 14.13 所示。

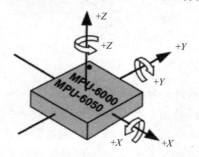

图 14.13　MPU-6050 默认的坐标方向

MPU-6050 的各项参数如表 14.1 所示。

表 14.1 　 MPU-6050 的各项参数

参　　数	说　　明
电源电压	2.375～3.46V
功耗	500μA～3.9mA（工作电压为 3.3V 时）
工作温度	−40～+85℃
通信协议	IIC
ADC 分辨率	加速度：16 位；陀螺仪：16 位
加速度测量范围	可调±(2～16)g（g 为重力加速度常数）
加速度最高分辨率	16384LSB/g
加速度误差	0.1g
加速度数据输出速率	可调，最高为 1000Hz
陀螺仪测量范围	可调，±(250°～2000°)/s
陀螺仪最高分辨率	131LSB/（°/s）
陀螺仪误差	0.1°/s
陀螺仪数据输出速率	可调，最高为 8000Hz
温度传感器测量范围	−40～+85℃
温度传感器分辨率	340LSB/℃
温度传感器误差	±1℃

市面上常见的 MPU-6050 芯片通常被封装成方便使用排针或杜邦线连接的模块。MPU-6050 模块实物图如图 14.14 所示。

图 14.14 　 MPU-6050 模块实物图

14.2.3 　 Adafruit MPU-6050 库介绍

通过调用 Adafruit MPU-6050 库提供的函数，用户无须关心单片机与 MPU-6050 进行 IIC 通信的具体时序，以及对如何根据自己的需求设置 MPU-6050 相应的寄存器。Adafruit MPU-6050 库提供了设置 MPU-6050 常用参数的函数（如测量范围、测量速率等的函数），以及获取 MPU-6050 测量数据的函数，但该库并不支持使用 MPU-6050 的 DMP 功能。

14.2.4 　 系统连接

MPU-6050 模块与 Arduino UNO 的连接示意图如图 14.15 所示。虽然 MPU-6050 的工作电压通常为 3.3V，但是 MPU-6050 模块内置了 LDO 电源芯片，需要外部提供 5V 电压，由 LDO 电源芯片将输入的 5V 降低到 3.3V 作为 MPU-6050 芯片的电源电压，因此 MPU-6050 模块的 VCC 引脚与 Arduino UNO 的+5V 引脚相连，GND 引脚与 Arduino UNO 的 GND 引脚相连。由于 Arduino 通过 IIC 协议和 MPU-6050 进行通信，而 Arduino UNO IIC 外设的引脚是固定的，对于 Arduino UNO R3，IIC 外设的 SCL 引脚为模拟接口 A5，SDA 引脚为模拟接口 A4，因此 MPU-6050 模块的 SCL 引脚连接模拟接口 A5，SDA 引脚连接模拟接口 A4。

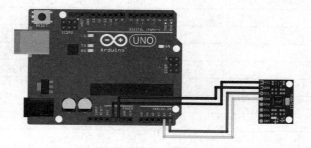

图 14.15　MPU-6050 模块与 Arduino UNO 的连接示意图

14.2.5　流程图

MPU-6050 实验程序流程图如图 14.16 所示。在完成 Adafruit MPU-6050 库的初始化后，调用该库提供的函数设置 MPU-6050 的各项参数，获取 MPU-6050 测量的加速度、角速度和温度数据。

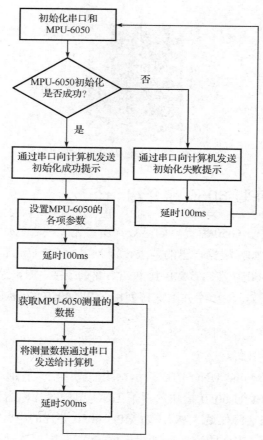

图 14.16　MPU-6050 实验程序流程图

14.2.6　程序设计

根据程序流程图，可以编写出如下程序代码：

```
#include <Adafruit_MPU-6050.h>

Adafruit_MPU-6050 my_mpu;//实例化 MPU-6050 类

void setup() {
    Serial.begin(115200);//初始化串口，波特率为 115200Baud

    //初始化 MPU-6050
    if (!my_mpu.begin())
    {
      Serial.println("与 MPU-6050 连接失败");
      while (1)
      {
        delay(10);
      }
    }
    Serial.println("MPU-6050 初始化完成");
    //设置加速度计的测量范围为±8g
    my_mpu.setAccelerometerRange(MPU-6050_RANGE_8_G);
    //设置陀螺仪的测量范围为±500°/s
    my_mpu.setGyroRange(MPU-6050_RANGE_500_DEG);
    //设置数据输出低通滤波器的带宽为 21Hz
    my_mpu.setFilterBandwidth(MPU-6050_BAND_21_HZ);

    delay(100);//延时 100ms

}

void loop() {
    sensors_event_t accel, g, temper;//定义测量数据存储变量

    my_mpu.getEvent(&accel, &g, &temper);//获取 MPU-6050 的测量数据

    /*通过串口将 MPU-6050 测量的数据输出给计算机
    Serial.print("加速度数据 X: ");
    Serial.print(accel.acceleration.x);
    Serial.print(", Y: ");
    Serial.print(accel.acceleration.y);
    Serial.print(", Z: ");
    Serial.print(accel.acceleration.z);
    Serial.println(" m/s^2");

    Serial.print("角速度数据 X: ");
    Serial.print(g.gyro.x);
```

```
    Serial.print(", Y: ");
    Serial.print(g.gyro.y);
    Serial.print(", Z: ");
    Serial.print(g.gyro.z);
    Serial.println(" rad/s");

    Serial.print("温度数据: ");
    Serial.print(temper.temperature);
    Serial.println(" 摄氏度");

    Serial.println("");
    delay(500);

}
```

14.2.7 烧写

将 MPU-6050 实验程序烧写到 Arduino UNO 中，通过串口监视器可以查看 MPU-6050 测量的各种数据，由于存在重力加速度，因此在不移动 MPU-6050 的情况下，测量得到的 Z 轴加速度接近重力加速度 g。MPU-6050 实验实物演示图如图 14.17 所示，串口监视器的输出如图 14.18 所示。

图 14.17　MPU-6050 实验实物演示图

```
加速度数据 X: 0.43, Y: 4.02, Z: 9.71 m/s^2
角速度数据 X: -0.01, Y: -0.01, Z: -0.02 rad/s
温度数据: 23.48 摄氏度

加速度数据 X: 0.43, Y: 4.03, Z: 9.66 m/s^2
角速度数据 X: 0.00, Y: -0.01, Z: -0.03 rad/s
温度数据: 23.49 摄氏度

加速度数据 X: 0.43, Y: 4.03, Z: 9.67 m/s^2
角速度数据 X: 0.02, Y: -0.02, Z: -0.03 rad/s
温度数据: 23.52 摄氏度
```

图 14.18　MPU-6050 实验串口监视器的输出

14.3　Arduino 之 HC-SR04 超声波测距

14.3.1　工作原理

　　超声波测距模块的工作原理是超声波发射器向某一方向发射超声波，根据接收器收到超声波与发射器发出超声波的时间差计算距离，与雷达测距原理相似。

　　本章所用的超声波测距模块为 HC-SR04，如图 14.19 所示。该模块可提供 2～400cm 的非接触式距离感测功能，测距精度可达到 3mm；包括超声波发射器/接收器与控制电路。

图 14.19　超声波测距模块实物图

　　该超声波测距模块共有 4 个引脚，分别为 Vcc、Trig、Echo 和 GND。其中，GND 引脚接地，VCC 引脚接 Arduino UNO 的+5V 引脚；Trig 为超声波发射端，所接引脚设为 OUTPUT；Echo 为超声波接收端，所接引脚设为 INPUT。超声波测距模块时序图如图 14.20 所示。

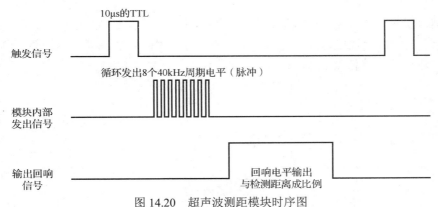

图 14.20　超声波测距模块时序图

　　以上时序图表明，只需提供一个 10μs 以上的脉冲触发信号，该模块内部将循环发出 8 个 40kHz 周期电平并检测回波。一旦检测到有回波信号，就输出回响信号，回响信号的脉冲宽度与所测的距离成正比。由此，通过发射信号到收到回响信号的时间间隔可以计算得到距离，公式为距离=高电平时间×声速（340m/s）/2；建议测量周期在 60ms 以上，以防止发射信号对回响信号的影响。

14.3.2　系统连接

　　对于 LCD-1602，RS 引脚连接 Arduino UNO 的数字接口 12，E 引脚连接 Arduino UNO 的数字接口 11，D4 引脚连接 Arduino UNO 的数字接口 5，D5 引脚连接 Arduino UNO 的数字接

口 4，D6 引脚连接 Arduino UNO 的数字接口 3，D7 引脚连接 Arduino UNO 的数字接口 2，RW、GND、K 引脚均与 Arduino UNO 的 GND 引脚相连，VCC 引脚和 A 引脚均与 Arduino UNO 的+5V 引脚相连（本实验用的 LCD-1602 的工作电压为 5V），LCD-1602 的 V_0 引脚接 220Ω 电阻后与 Arduino UNO 的 GND 引脚相连，接电阻的目的是控制 LCD-1602 的亮度，因此选择阻值大小适中的电阻即可。

对于超声波测距模块 HC-SR04，GND 引脚与 Arduino UNO 的 GND 引脚相连，VCC 引脚与 Arduino UNO 的+5V 引脚相连，Trig 引脚连接 Arduino UNO 的数字接口 7，Echo 引脚连接 Arduino UNO 的数字接口 6，系统连接示意图如图 14.21 所示。

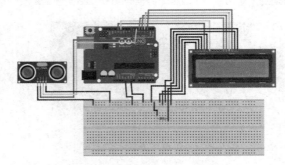

图 14.21　系统连接示意图

14.3.3　流程图

超声波测距模块 HC-SR04 实验程序流程图如图 14.22 所示。在完成串口、库和 I/O 口的初始化之后，通过向模块发送一个短脉冲来启动它，根据收到的脉冲宽度换算出测量的距离，并通过串口输出给计算机及在 LCD-1602 上显示。

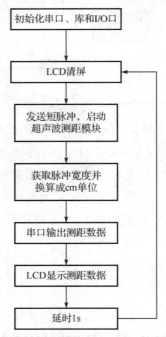

图 14.22　超声波测距模块 HC-SR04 实验程序流程图

14.3.4 程序设计

根据程序流程图，可以编写出如下程序代码：

```
#include <LiquidCrystal.h>

LiquidCrystal lcd(12,11,5,4,3,2);

#define EchoPin 6//定义超声波接收引脚
#define TrigPin 7//定义超声波发射引脚

float distance;//定义测距数据变量

void setup() {
    lcd.begin(16,2);//初始化LCD，分辨率为16×2
    Serial.begin(9600);//初始化串口，波特率为9600Baud
    pinMode(EchoPin,INPUT);//设置超声波接收引脚为输入模式（INPUT）
    pinMode(TrigPin,OUTPUT);//设置超声波发射引脚为输出模式（OUTPUT）
}

void loop() {
    lcd.clear();//清屏
    /* 发送一个短脉冲，启动超声波测距模块 */
    digitalWrite(TrigPin,LOW);
    delayMicroseconds(2);
    digitalWrite(TrigPin,HIGH);
    delayMicroseconds(10);
    digitalWrite(TrigPin,LOW);

    distance = pulseIn(EchoPin,HIGH)/58.0;//将回波时间的单位换算为cm
    distance = (int(distance*100))/100;//保留两位小数
    /* 串口输出测距数据 */
    Serial.print(distance);
    Serial.print("cm");
    Serial.println();
    /* LCD 显示测距数据 */
    lcd.setCursor(0, 0);
    lcd.print(distance);
    lcd.print("cm");
    delay(1000);//延时1s
}
```

14.3.5 烧写

将 HC-SR04 实验程序烧写到 Arduino UNO 中，用手挡在模块前并前后移动，通过串口监视器或 LCD-1602 可以观察到显示的测距数据发生变化。HC-SR04 实验实物演示图如图 14.23 所示，串口监视器的输出如图 14.24 所示。

图 14.23　HC-SR04 实验实物演示图

输出　串口监视器 ✕
消息（按回车将消息发送到"COM6"上的"Arduino Uno"）
34.00cm
6.00cm
11.00cm
4.00cm
5.00cm
5.00cm
5.00cm
34.00cm

图 14.24　HC-SR04 实验串口监视器的输出

14.4　小结

本章介绍了 3 种常用传感器的基本原理，以及如何使用 Arduino 控制这些传感器测量数据。读者可以结合前几章所学的知识，使用 Arduino 制作功能更复杂、显示效果更好的测量仪器。

第 15 章

基于 Arduino 的智能小车

本章用 Arduino 控制一辆两驱小车，通过 Wi-Fi 接收计算机的控制数据，并通过控制舵机和超声波测距模块实现小车的避障功能。通过本章的学习，读者将了解到 Arduino 驱动电机的具体方式及 Wi-Fi 的使用方法。

本章实现功能：

计算机通过 Wi-Fi 与小车相连，通过 Wi-Fi 发送控制数据控制小车，小车通过舵机和超声波测距模块检测周围是否有障碍物，做出避障操作。

15.1 工作原理

15.1.1 小车的结构

小车的控制系统由 Arduino UNO 作为核心控制模块，通过连接在 Arduino UNO 上的 ESP8266 Wi-Fi 模块实现单片机与上位机（手机或计算机）之间的无线通信，接收上位机的指令。Arduino UNO 无法直接驱动直流电机转动，需要外接 L298N 电机驱动模块来控制小车上的两个直流电机，两个直流电机带动小车的两个轮子转动，从而达到控制小车的目的。小车的结构如图 15.1 所示。

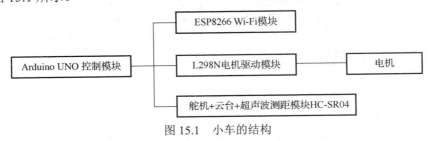

图 15.1 小车的结构

15.1.2 ESP8266

Wi-Fi 是一种无线通信方式，单片机可以通过 Wi-Fi 实现与上位机之间的无线通信。而 ESP8266 Wi-Fi 模块是超低功耗的 UART-Wi-Fi 模块，可将用户的物理设备连接到 Wi-Fi，进行互联网或局域网通信，实现联网功能。ESP8266 Wi-Fi 模块可广泛应用于智能电网、智能交通、智能家具、手持设备、工业控制等领域。通过计算机的串口助手软件（推荐使用 USR-TCP232-test.exe）为 ESP8266 Wi-Fi 模块编写 AT 指令，从而完成对其工作模式的设定，并通过计算机接入相应的 Wi-Fi 来实现对小车的指令发送。ESP8266 Wi-Fi 模块引脚图如图 15.2 所示。其中，GND 及 VCC 引脚分别接 Arduino UNO 的 GND 及 3.3V 引脚（切记不可以接+5V 引脚）；CH_PD 引脚也接 3.3V 引脚以便从 Flash 启动进入 AT 系统。ESP8266 Wi-Fi 模块通过串口与 Arduino UNO 进行通信；UTXD 及 URXD 引脚分别接 Arduino UNO 的 RXD 和 TXD 引脚；其余引脚悬空即可。具体的连接示意图和实物图分别如图 15.3、图 15.4 所示。

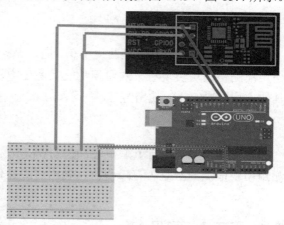

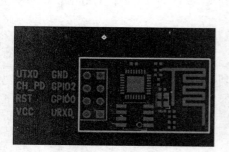

图 15.2　ESP8266 Wi-Fi 模块引脚图　　图 15.3　Arduino UNO 与 ESP8266 Wi-Fi 模块的连接示意图

图 15.4　Arduino UNO 与 ESP8266 Wi-Fi 模块的连接实物图

15.1.3　L298N 电机驱动模块

　　L298N 是使用方便、简捷的两路电机驱动模块，其引脚图如图 15.5 所示。

　　该模块需要外接电源，可以购买 12V 充电电池，接入图 15.5 中的 12V 供电及供电 GND 引脚；通道 A 使能和通道 B 使能引脚分别接入 Arduino UNO 的两个 PWM 输出口，以便控制两路电机的转速。4 个逻辑输入口 IN1～IN4 分别接 Arduino UNO 的 4 个数字接口，分别完成两路电机的控制，IN1～IN2 控制通道 A 路电机的正转、反转和制动，IN3～IN4 控制通道 B 路电机的正转、反转和制动。输出 A 和输出 B 引脚分别接两路直流电机的两个接线口。同时一定要注意，该模块要与 Arduino UNO 共地。

　　以通道 A 为例，直流电机控制状态表如表 15.1 所示。

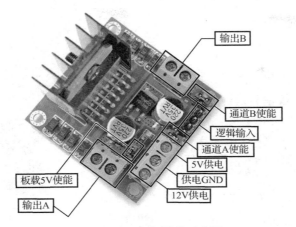

图 15.5　L298N 模块引脚图

表 15.1　直流电机控制状态表

ENA	IN1	IN2	直流电机的状态
0	X	X	停止
1	0	0	制动
1	0	1	正转
1	1	0	反转
1	1	1	制动

　　通过对 ENA 和 ENB 输出 PWM 脉冲来完成电机停止与转动的时间比例，从而控制电机转速。PWM 通过 Arduino 的 analogWrite(pin,value) 函数输出一个频率固定为 490Hz、高低电平占空比不同的方波。

15.1.4　超声波避障模块

　　舵机是一种位置（角度）伺服的驱动器，适用于那些需要角度不断变化并可以保持的控制系统，本章使用的舵机是 SG90 舵机，其实物图如图 15.6 所示，3 根连接线分别为信号线、VCC、GND。

　　小车的避障是通过舵机+云台+超声波测距模块实现的，当超声波测距模块检测到前方有障碍物时，舵机转动，带动超声波测距模块检测左右方向是否有障碍物，做出避障操作。

图 15.6　SG90 舵机实物图

15.2　系统连接

接线选用面包板，面包板的正、负极分别接 Arduino UNO 的+3.3V 和 GND 引脚。舵机和超声波测距模块与云台的连接如图 15.7 所示。

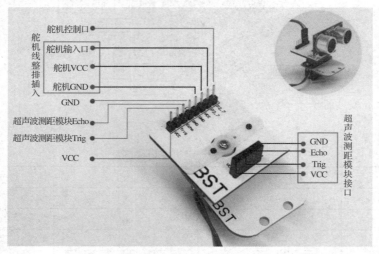

图 15.7　舵机和超声波测距模块与云台的连接

Arduino UNO 的数字接口 8 和 9 分别为软件模拟串口的接收端与发送端，ESP8266 Wi-Fi 模块通过串口与 Arduino UNO 进行通信，其 UTXD 及 URXD 引脚分别接 Arduino UNO 的 RXD（数字接口 8）和 TXD（数字接口 9）引脚，CH_PD 及 VCC 引脚接面包板的+3.3V 引脚，GND 引脚接面包板的 GND 引脚。

L298N 的 IN1 引脚接 Arduino UNO 的数字接口 4，IN2 引脚接 Arduino UNO 的数字接口 5，IN3 引脚接 Arduino UNO 的数字接口 6，IN4 引脚接 Arduino UNO 的数字接口 7，ENA 引脚接 Arduino UNO 的数字接口 10，ENB 引脚接 Arduino UNO 的数字接口 11，通过单片机对相应 Arduino UNO 的数字接口的高、低电平输出操作实现对 L298N 的控制。L298N 两输出端分别接两个直流电机（注意：小车一共有 4 个电机，但驱动两路电机就足以保证小车正常工作，读者可以选择驱动小车的前两轮或后两轮），为保证模块的正常使用，L298N 和 Arduino UNO 必须共地，否则 L298N 就无法识别单片机 I/O 口输出的高、低电平。

图 15.8　接线完成后的小车实物图

L298N 的输出 A 和输出 B 引脚分别接两路直流电机的电机线（最后调试时如果出现电机未按照预设方向旋转的情况，就将电机的两根线与输出口对调）。接线完成后的小车实物图如图 15.8 所示。

15.3　流程图

上电后首先要对单片机的 I/O 口和 ESP8266 Wi-Fi 模块进行初始化，初始化完成之后就开始不断扫描上位机发出的信号，上位机共会发出 5 种指令，当筛选到相应的指令时，单片机载入相应的控制函数，控制小车的前进、后退、左转、右转及停止。

根据以上分析，得到小车实验程序流程图，如图 15.9 所示。

小车通过超声波测距模块来判断车前距离，如果距离较大，则直行；如果距离较小，则舵机带着超声波测距模块旋转，进行左测距和右测距，根据左、右距离大小关系判断小车应该左转、右转还是后退。根据以上分析，得到小车避障实验程序流程图，如图 15.10 所示。

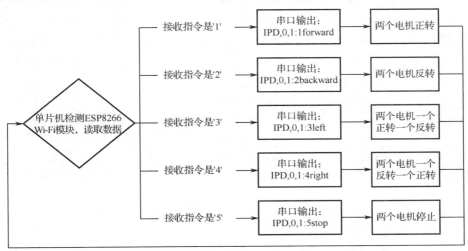

图 15.9　小车实验程序流程图

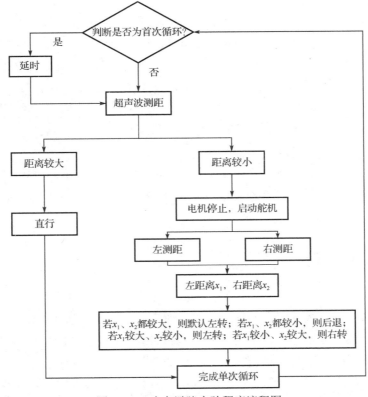

图 15.10　小车避障实验程序流程图

15.4 程序设计

15.4.1 ESP8266 Wi-Fi 模块调试

将 ESP8266 Wi-Fi 模块的端口与 USB-TTL 转换器（模块调试经常会用到，推荐购买，USB-TTL 转换器和模块通过串口进行通信，接线方式与单片机完全相同）连接，接入计算机的 USB 口，安装完 USB-TTL 串口驱动后，打开串口助手 USR-TCP232-test.exe。ESP8266 Wi-Fi 模块可以配置成 station、AP、station+AP 三种模式，即模块可以当作一个设备连接区域网内的路由，也可以当作一个路由，还可以既作为局域网中的设备又作为其他设备的路由。本书中的小车需要用到 ESP8266 Wi-Fi 模块的 AP 模式。

调试步骤如下（每次串口发送指令都要回车）。

（1）重新设置波特率：

```
AT+RST
AT+UART_DEF=9600,8,1,0,0
```

（2）进行基本设置：

```
AT+RST
AT+CWMODE=2          //打开 AP 模式
AT+RST               //重启生效
AT+CWSAP="Wi-Fi 名称","密码",1,3
```

（3）查询 IP 地址：

```
AT+CIFSR             //获取本模块的 IP 地址，接入时会用到
AT+CWLIF             //查询客户端的 IP 地址
```

（4）每次重启后都要执行的 AT 指令（没有写入 Flash，掉电不保存）：

```
AT+CIPMUX=1             //打开多连接
AT+CIPSERVER=1,8080    //打开服务器端端口号 8080
```

这两条语句写在 Arduino 的 setup()函数中。

此处只介绍了小车所用到的 AT 指令，AT 指令还有很多，可以操纵模块实现很多功能。若想实现更多功能，则具体可以查看 ESP8266 Wi-Fi 模块的 AT 指令手册，读取官方给的模块使用手册是一项十分重要的技能。

15.4.2 Arduino 代码

根据前几章的讲解，Arduino 程序只有 setup()和 loop()函数。单片机上小车控制的 I/O 口初始化、ESP8266 Wi-Fi 模块的初始化、舵机和超声波测距模块的初始化都要在 setup()中完成。小车前进、后退、左转、右转的操纵分别写成函数模块，舵机的控制部分也写成函数模块。loop()函数部分循环读取上位机发送的指令，并载入相应的函数。

```
/*
 Wi-Fi +超声波避障小车
```

```
*/
char a[9];char i=0;char k=0;
//定义控制电机驱动模块的 6 个 I/O 口：IN1、IN2、IN3、IN4、ENA、ENB
#define IN1 4
#define IN2 5
#define IN3 6
#define IN4 7
#define ENA 10
#define ENB 11
//PWM 波的占空比
unsigned char val=50;
int pos = 118;                          //创建变量，存储从模拟端口读取的值
float cm;                               //测得的距离是浮点型的，单位为 cm
//定义软件模拟串口的 RXD 和 TXD
SoftwareSerial mySerial(8,9);
void setup()
{
  /*
   * 小车初始化
   */
  //将 IN1、IN2、IN3、IN4 设置为输出模式，以便控制电机驱动模块
  pinMode(IN1,OUTPUT);
  pinMode(IN2,OUTPUT);
  pinMode(IN3,OUTPUT);
  pinMode(IN4,OUTPUT);
  //设置串口和软件模拟串口的波特率，初始化串口和软件模拟串口
  Serial.begin(9600);
  mySerial.begin(9600);
  delay(1000);
  /*
   * Wi-Fi 模块每次初始化的 AT 指令
   */
  //打开多连接模式
  mySerial.println("AT+CIPMUX=1");
  delay(2000);
  //创建服务器，端口号为 8080
  mySerial.println("AT+CIPSERVER=1,8080");
  delay(3000);
  //模块接收完指令后会根据指令判断是否向单片机返回数据
  //等待单片机接收完串口和软件模拟串口缓冲器的数据后进入下一步操作
  while(Serial.read()>=0){}
  while(mySerial.read()>=0){}
    Serial.println("ready!");

}
void loop()
{
  /*计算机接入 ESP8266 Wi-Fi 模块提供的相应 Wi-Fi（前一步设定的 Wi-Fi 名称），在串口助手的右侧
```

输入正确的 IP 地址和端口号，IP 地址在前一步计算机调试模块时已经查询过，端口号也相应设定过，单击"开始监听"按钮，就可发送'1'、'2'、'3'、'4'、'5'指令，发送时会自动将数字当作字符转换为相应的 ASCII 码，不用带引号*/

```
  //如果读取到指令，就进入大括号里执行
  if(mySerial.available()>0)
  {
  //判断读取的第一个 ASCII 码是否为有效指令，有效指令的第一位是'+'
   char c0=mySerial.read();
    if(c0=='+')
    {
  //将'+'后的几位读入数组，方便之后提取有效位
    for(i=0;i<9;i++)
    {
      a[i]=mySerial.read();
      delay(10);
    }
    }
  }
delay(100);
    /*
    * 判断指令，选定小车前进方向
    */
//a[6]表示上位机端输入数据包含的字符数，保险起见，设为 1 个字符或 3 个字符
if((a[6]=='3')||(a[6]=='1'))
{
  //a[8]即收到的数据
    switch(a[8])
      {
    //根据不同的数据载入不同的函数
      case '1':Serial.println("forward");forward();delay(100);break;
      case '2':Serial.println("backward");backward();delay(100);break;
      case '3':Serial.println("left");turnLeft();delay(100);break;
      case '4':Serial.println("right");turnRight();delay(100);break;
      case '5':Serial.println("stop");_stop();delay(100);break;
      case '6':Serial.println("obstacle avoiding"); obstacle avoiding();delay(100);
break;
      }
    }
}
//前进函数
void forward()
{
    //调整 PWM 波的占空比，从而控制电机转速，可以根据具体情况调整数据，如果对转速调节没有需求，那
么也可以将 val 固定为 255
  if(val<245)
    val=val+10;
  else
    val=255;
```

```
  analogWrite(ENA,val);
  analogWrite(ENB,val);
  digitalWrite(IN1,LOW);
  digitalWrite(IN2,HIGH);
  digitalWrite(IN3,LOW);
  digitalWrite(IN4,HIGH);

}
//后退函数
void backward()
{
  //调节电机转速，同上
  if(val>10)
    val=val-10;
  else
    val=0;
  analogWrite(ENA,val);
  analogWrite(ENB,val);

  digitalWrite(IN1,HIGH);
  digitalWrite(IN2,LOW);
  digitalWrite(IN3,HIGH);
  digitalWrite(IN4,LOW);

}
//左转函数
void turnLeft()
{
  analogWrite(ENA,255);
  analogWrite(ENB,255);
  digitalWrite(IN1,HIGH);
  digitalWrite(IN2,LOW);            //左轮反转
  digitalWrite(IN3,LOW);
  digitalWrite(IN4,HIGH);
    //右轮正转
}
//右转函数
void turnRight()
{
  analogWrite(ENA,255);
  analogWrite(ENB,255);
  digitalWrite(IN1,LOW);
  digitalWrite(IN2,HIGH);           //左轮正转
  digitalWrite(IN3,HIGH);
  digitalWrite(IN4,LOW);
    //右轮反转
}
//停止函数
```

```
void _stop()
{
  digitalWrite(IN1,LOW);
  digitalWrite(IN2,LOW);
  digitalWrite(IN3,LOW);
  digitalWrite(IN4,LOW);
}
void Left()                                      //舵机左转
{
   while(pos < 180)
    {
      pos++;
      servo.write(pos);                          //写入舵机角度
      delay(15);                                 //延时，使舵机转到相应角度
    }
}
void Right()                                     //舵机右转
{
   while(pos > 60)
    {
      pos--;
      servo.write(pos);
      delay(15);
    }
}

void Ranging()                                   //测量距离
{
   digitalWrite(TrigPin, LOW);                   //低电平发送一个短时间脉冲到 Trig 口
   delayMicroseconds(2);  //delayMicroseconds()在更短的时间内延时准确，是毫秒级计时单位
   digitalWrite(TrigPin, HIGH);                  //控制超声波的发射
   delayMicroseconds(10);
   digitalWrite(TrigPin, LOW);                   //控制停止超声波的发射
   cm = pulseIn(EchoPin, HIGH) / 58.0;           //将回波时间的单位换算成 cm，其中，
pulseIn(接收信号引脚,高低电平)函数用来接收反射回来的超声波
   cm = (int(cm * 100.0)) / 100.0;               //保留两位小数
   Serial.print("Distance:");
   Serial.print(cm);
   Serial.print("cm");
   Serial.println();
   //以上 4 句在串口监视器中输出
   delay(1000);
}
Void obstacle avoiding()
{
      Ranging();                                 //测量距离
      if(cm > 10.0)                              //没有碰到障碍物
        forward();
```

```
        else                              //碰到障碍物
          {
            backward();                   //小车后退
            delay(200);                   //延时，确定后退距离
            stop();                       //小车停止
            Right();                      //舵机右转
            Ranging();                    //测量距离
            servo.write(118);             //舵机回中
            if(cm > 10.0)                 //如果右方满足条件
              {
                turnright();              //则小车右转
                delay(200);               //延时，确定转弯角度
              }
            else                          //如果右方不满足条件
              {
                Left();                   //则舵机左转
                Ranging();                //测量距离
                servo.write(118);         //舵机回中
                turnleft();               //小车左转
                delay(200);               //延时，确定转弯角度
              }
          }
      }
}
```

注意： 在以上程序代码中，以下两条 AT 指令在 Arduino 每次复位后都要重新写入 ESP8266，因为这两条指令没有存储在 ESP8266 的 Flash 里面，掉电不保存。

```
mySerial.println("AT+CIPMUX=1");
mySerial.println("AT+CIPSERVER=1,8080");
```

计算机的指令是以 ASCII 码的形式发送的，代码的形式为+IPD,<ID>,<LEN>:DATA。

通过计算机发送'1':forward();'2':backward();'3':turnLeft();'4'turnRight();'5'_stop();，因此函数要筛选出指令的 DATA 部分的第一个 ACSII 码，并通过 switch()函数对其进行判断。

由于电机驱动模块与电机接线方式有差异，因此，如果实测时电机的旋转方向与预想方向相反，就将相应电机与模块的接线对调。

15.5　烧写

将程序烧写完成后，刚上电时 Arduino UNO 的引脚均为高电平，L298N 在输入逻辑全为 1 的情况下不输出，电机不转。ESP8266 上电后，红色 LED 点亮，蓝色 LED 闪烁一段时间后熄灭。打开串口助手，初始化完成后，串口助手输出"ready！"。

计算机连接 ESP8266 产生的相应 Wi-Fi（计算机对 ESP8266 发送 AT 指令，初始化时已设定了相应的 Wi-Fi 接口名称，具体见程序代码的 AT 指令部分），使用下载好的串口助手进行计算机和 Arduino UNO 之间的 Wi-Fi 通信（百度可下载），在串口助手界面输入 ESP8266 相

应的 IP 地址和端口号（计算机对 ESP8266 发送 AT 指令，初始化时已查询了该模块的 IP 地址和端口号，具体见程序代码的 AT 指令部分）。与 Arduino UNO 连接成功后，通过软件的 Wi-Fi 发送界面发送数据到 ESP8266。

发送'1'时，小车前进，串口输出收到的指令 IPD,0,1:1,forward;。

发送'2'时，小车后退，串口输出收到的指令 IPD,0,1:2backward;。

发送'3'时，小车左转，串口输出收到的指令 IPD,0,1:3left;。

发送'4'时，小车右转，串口输出收到的指令 IPD,0,1:4right;。

发送'5'时，小车停止，串口输出收到的指令 IPD,0,1:5stop;。

注意：加单引号是为了表示其通过 ASCII 码进行通信，发送时发送数字即可，不要加单引号。

ESP8266 的初始化需要一定的时间，上电后需要等待一段时间。如果上电后立即发送指令，模块未初始化完成，那么小车可能不动，因此上电后需要等待片刻。而且 ESP8266 发热较大，使用一段时间后，温度会很高，会出现传输不稳定的情况，导致小车接收不到指令。（同时，本书使用的是 9V 电池电源，会出现供电不足的情况，因此这里采取单片机和 L298N 通过两块 9V 电池电源分别供电的方式。）

15.6　小结

Wi-Fi 小车相比于蓝牙小车具有操纵距离更远的优势，但其实现难度相比于蓝牙小车有大幅提升。本章提供了 Wi-Fi 控制小车的一种具体实现方式并实现了小车的自动避障，着重讲解了 L298N 电机驱动模块、ESP8266 Wi-Fi 模块，以及 SG90 舵机+超声波避障模块的使用方法。通过本章内容的学习，读者可以进一步了解如何通过操纵 I/O 口实现电机的驱动、Wi-Fi 无线通信方式在 Arduino 上如何实现，以及如何综合利用舵机与超声波测距模块实现小车的避障。

第16章

AVR 单片机的基本结构

使用 Arduino 平台开发单片机极大地降低了初学者入门的门槛，很多复杂的驱动都可以通过调用 Arduino 第一方或第三方提供的库实现。虽然这缩短和降低了开发的时间与难度，但是也导致不少人对库形成依赖心理，而不会根据芯片的数据手册自己独立编写驱动。单片机的开发始终是与底层硬件密不可分的，从本章开始，将更加偏重从底层硬件的角度介绍 Arduino UNO R3 的主控单片机 ATmega328P。

16.1　AVR 单片机概述

AVR 单片机是由 Atmel 公司在 1996 年研发的精简指令集（RISC）的 8 位单片机系列。市面上的 AVR 单片机主要分为六大系列，分别是低端的 ATtiny 系列、最常见的 ATmega 系列、拓展了更多功能的 ATxmega 系列、面向特殊应用的 AVR 系列、搭载于 FPGA 的 AVR 核心和于 2006 年推出的升级为 32 位单片机的 AVR32 系列。AVR 系列单片机用于计算机外设、工业实时控制、仪器仪表、通信设备、家用电器等领域。图 16.1 给出了 Arduino 官方推出的 Arduino UNO R3 使用的 DIP 封装的 ATmega328P-PU 芯片的实物图。

图 16.1　ATmega328P-PU 芯片的实物图

16.2　命名、引脚及最小系统

16.2.1　AVR 单片机的命名规则

初次接触单片机时，仅仅通过它的名称就能获取一些信息。厂商通常在给单片机命名时会按照一定的规则进行，不同厂商的命名规则也有所不同。以 ATmega328P-PU 为例，AT 代表 Atmel 公司，通常单片机名称前几个字母表示生产厂商，如 ST 公司的 STM32 系列和乐鑫（ESPRESSIF）公司的 ESP32 系列。mega 表示该单片机所属的系列，ATmega328P-PU 就属于 ATmega 系列。32 表示单片机内部的 Flash 容量为 32KB，同系列的还有 ATmega48PA、ATmega88PA、ATmega168PA 等，它们的 Flash 容量分别为 4KB、8KB 和 16KB。8 表示这是一款 8 位单片机，而像 STM32 和 ESP32 名字中的 32 表示它们是 32 位单片机。-PU 中的 P 表示芯片的封装，其中，P 是 DIP 封装，A 是 TQFP 封装，M 是 QFN 封装；U 表示制造单片机时使用的工艺，其中，U 是无铅工艺，N 是有铅工艺。

16.2.2 AVR 单片机引脚功能介绍

在为单片机设计配套的硬件电路时，首先要确定单片机的引脚分布和每个引脚的功能。DIP 封装的 ATmega328P-PU 引脚分布图如图 16.2 所示。确定 1 脚的位置对于硬件设计和电路焊接更是重中之重，将 ATmega328P-PU 有缺口的部分朝上，1 脚位于芯片的左上角。

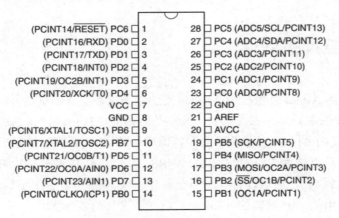

图 16.2　DIP 封装的 ATmega328P-PU 引脚分布图

TQFP-32 封装的 ATmega328P-AU 引脚分布图如图 16.3 所示。TQFP 封装的芯片的表面通常会有一个或多个圆形凹陷，旋转芯片，将最小的圆形凹陷移动到左上角，位于该凹陷左边的第一个引脚就是 1 脚。

从图 16.2 和图 16.3 中可以看出，单片机引脚种类众多，根据引脚的功能，可以分为以下几类。

1. 电源引脚

VCC 引脚为芯片供电输入引脚，使用时连接到电源正极。GND 引脚为芯片接地引脚，使用时连接到电路的公共地。AVCC 引脚为单片机内部的 ADC 供电输入引脚，不使用 ADC 功能时，需要外部连接到 VCC 引脚；使用 ADC 功能时，为了减小 ADC 的电源噪声，通常通过一个低通滤波器连接到 VCC 引脚。AREF 引脚为单片机内部的 ADC 参考电压输入引脚，通常连接到 VCC 引脚，在对 ADC 测量误差有要求的场合，可以连接到外部电压基准源芯片提供的基准电压。

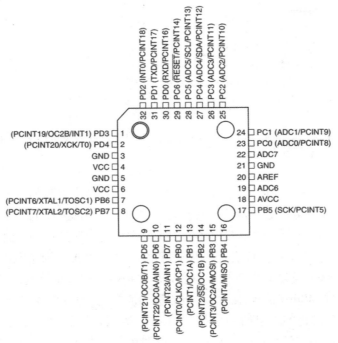

图 16.3　TQFP-32 封装的 ATmega328P-AU 引脚分布图

2. 复位引脚

下面首先介绍一下单片机复位的概念，单片机复位是将单片机内部的状态（内部寄存器和操作状态）恢复到初始状态的过程。单片机复位分为硬件复位和软件复位。硬件复位指的是单片机通过芯片内部和外部电路触发单片机复位，现在的单片机开始在接通电源时自动触发复位，这种称为上电复位，单片机通常也会引出复位引脚，方便用户在使用时设计外部复位电路触发复位。软件复位指的是通过程序中的一段特殊代码引发的复位，一般用于特殊情况，如程序检测到错误或异常时。ATmega328P 的复位引脚为 PC6，当熔丝位 RSTDISBL 没有被设置时，PC6 为复位引脚；当熔丝位 RSTDISBL 被设置时，PC6 引脚可以作为普通的 I/O 口使用，正常使用时不推荐将 PC6 引脚作为普通的 I/O 口使用，因为这样做存在一定的隐患。关于 AVR 单片机熔丝位，后面会进行详细的介绍。当复位引脚被拉低超过 2.5μs 时，单片机触发硬件复位。

3. 时钟电路引脚

时钟是数字电路中非常重要的概念。数字电路中的时序逻辑电路的基本结构大都基于触发器，需要输入端产生上升沿才能使触发器工作，而时钟（通常是方波）正是提供上升沿的信号，给数字电路提供"驱动力"。单片机也属于数字电路，因此也需要时钟信号作为驱动才能工作。AVR 单片机可以使用内部的 RC 振荡器产生的时钟信号作为系统的主时钟，也可以使用外部时钟电路提供的时钟信号。ATmega328P 的时钟电路引脚为 PB6 和 PB7，单片机通常使用无源晶振作为外部时钟信号源，其相较于内部 RC 振荡器产生的时钟信号有着更稳定、精度更高的优点。ATmega328P 接入无源晶振作为外部时钟信号源的振荡电路如图 16.4 所示。

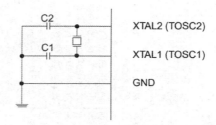

图 16.4　ATmega328P 接入无源晶振作为外部时钟信号源的振荡电路

4. I/O 引脚

I/O 引脚共 23 个，分为 PB、PC、PD 三个端口，这些 I/O 引脚为可编程控制、可复用的引脚。I/O 引脚最基本的功能是作为通用的双向数字输入/输出接口，每个 I/O 引脚都可以通过配置寄存器设置为独立的输入/输出接口。当 I/O 引脚作为输入接口使用时，其内置了上拉电阻，可以通过配置对应的寄存器位启用内置上拉电阻。I/O 引脚作为输出接口使用，当其输出高电平时，I/O 引脚最大可以输出 20mA 的电流，这种电流称为拉电流；当其输出低电平时，I/O 引脚最大可以输入 40mA 的电流，这种电流称为灌电流。因此，AVR 单片机 I/O 引脚的驱动能力相当强，可以不加外部电路而直接驱动 LED、数码管等器件。I/O 引脚除了可以作为普通的输入/输出接口使用，还可以作为单片机外设的功能引脚使用。例如，PC5 引脚不仅可以作为 ADC 的输入通道 5 使用，还可以作为 IIC 的 SCL 信号引脚使用。

16.2.3　AVR 单片机的最小系统

单片机的最小系统指的是可以让单片机正常工作的最基本的电路。单片机的最小系统通常可以分为电源电路、时钟电路和复位电路 3 部分。一部分单片机的电源电压为 3.3V，而常用的 USB 供电电压为 5V，因此需要设计特定的电源电路，将 5V 电压降低到 3.3V，为单片机供电。由于 ATmega328P 可以直接使用 5V 电压供电，因此在使用 USB 供电的情况下可以省略电源电路。时钟电路在前面已提到过，单片机通常外接无源晶振作为稳定、高精度的时钟源。复位电路通常使用手动复位电路，即由微动按键和上拉电阻组成的复位电路，方便用户在调试阶段将单片机复位。ATmega328P 的最小系统如图 16.5 所示。

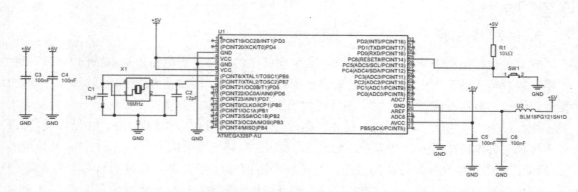

图 16.5　ATmega328P 的最小系统

16.3　内部结构

1936 年，英国数学家艾伦·麦席森·图灵（Alan Mathison Turing）提出了图灵机（Turing Machine）设想。图灵机不是一种具体的机器，而是一种抽象计算模型，其更抽象的意义为一种数学逻辑机，通过制造一种十分简单但运算能力极强的计算装置来计算所有我们能想象得到的可计算函数。图灵机的基本原理：图灵机就是一种抽象的机器，如图 16.6 所示。它有一条无限长的纸带，纸带分成了一个一个的方格，每个方格有不同的颜色；有一个机器头在纸带上移来移去。机器头有一组内部状态，还有一些固定的程序。在每个时刻，机器头都要从当前纸带上读入一个方格信息，结合自己的内部状态查找程序表，根据程序输出信息到纸带方格上，并转换自己的内部状态，进行移动。

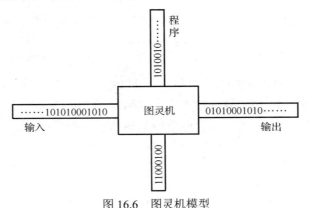

图 16.6　图灵机模型

图灵机证明了通用计算理论，肯定了计算机实现的可能性，同时给出了计算机应有的主要架构，为冯·诺依曼确立现代计算机的基本结构奠定了基础。

1946 年，冯·诺依曼提出了冯·诺依曼理论。它的核心思想包括 3 方面：采用二进制形式表示数据和指令；采用存储程序方式，事先编制程序，把程序存入存储器，计算机在运行时就能自动地、连续地从存储器中取出指令并执行；计算机必须具备运算器、控制器、存储器、输入设备、输出设备五大基本部件。

冯·诺依曼结构如图 16.7 所示，其包括 CPU 和存储器两部分。该结构的基本工作原理是，数据保存在存储器的各个地址中，就像学生宿舍有各个门牌号一样。CPU 在工作时，通过数据总线和地址总线从存储器中取出指令，通过译码器接收指令的要求，并从存储器中通过数据总线取出数据，进行指定的运算和逻辑操作等；按照地址把运算结果送到存储器中，重复操作，直到取出停止指令。

单片机是把 CPU 的频率与规格做适当缩减，并将内存、计数器、USB、A/D 转换、UART、PLC、DMA 等外围接口，甚至 LCD 驱动电路整合在单一芯片上，形成的芯片级计算机，为不同的应用场合做不同组合的控制，是计算机的一种特殊结构。

在冯·诺依曼结构出现之后，人们对其进行了改进和完善，形成了哈佛结构。哈佛结构起源于 Harvard Mark I 型继电器式计算机。它将指令和数据分别存储在不同的存储器中，CPU 首先到程序存储器中读取指令内容，解码后得到数据地址；再到相应的数据存储器中读取数据，进行下一步操作。哈佛结构和冯·诺依曼结构最大的差别在于程序与数据存储在不同的空间，使得指令和数据有着不同的数据宽度，有效提高了 CPU 的执行效率和可靠性。哈佛结构是单片机常用的结构，AVR 系列单片机采用的就是哈佛结构，其模型如图 16.8 所示。

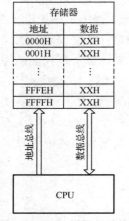

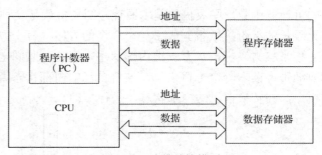

图 16.7　冯·诺依曼结构　　　　　　图 16.8　哈佛结构模型

ATmega328P 内部结构框图如图 16.9 所示。可以看出，AVR 单片机的 CPU 通过总线和各种外设相连，内部包含了 EEPROM、定时器、USART 和 SPI 等外设，Flash 和 SRAM 相互独立，通过不同的总线与 CPU 相连，符合哈佛结构的基本特点。

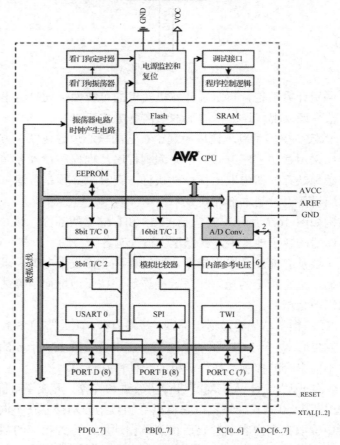

图 16.9　ATmega328P 内部结构框图

16.4　CPU

单片机的核心是 CPU，AVR 单片机的 CPU 由算术逻辑单元（ALU）、状态与控制寄存器（SREG）、通用工作寄存器组、堆栈指针寄存器（SP）、程序计数器（PC）、指令寄存器和指令译码器构成，如图 16.10 所示。它的作用是读入并分析每条指令，根据各指令功能控制 AVR 单片机的各功能部件执行指定的运算。

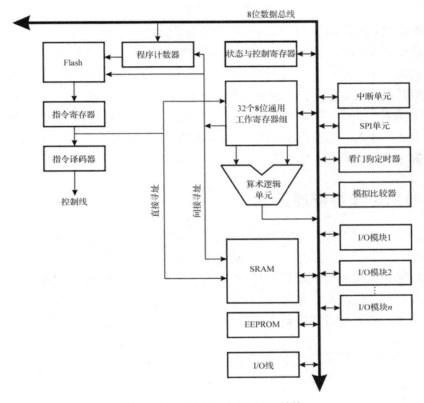

图 16.10　AVR 单片机的 CPU 结构

16.4.1　算术逻辑单元

AVR 单片机 CPU 内的算术逻辑单元直接与所有 32 个 8 位通用工作寄存器相连。在单个时钟周期内，它可以执行通用工作寄存器之间或通用工作寄存器与立即数之间的算术运算。算术逻辑单元操作主要分为 3 类：算术、逻辑和位运算。一些架构的实现还提供了乘法器，支持有符号/无符号乘法和分数格式。

16.4.2　状态寄存器

状态寄存器包含有关最近执行的算术指令结果的信息。这些信息可用于更改程序流，以执行条件操作。需要注意的是，状态寄存器在所有算术逻辑单元操作之后，根据指令集参考更新。这在很多情况下消除了使用专用比较指令的需求，从而产生更快速和更紧凑的代码。

在进入中断例程时，状态寄存器不会自动存储，并在从中断返回时恢复，必须通过软件操作存储状态寄存器的信息。状态寄存器各位的定义如图 16.11 所示。

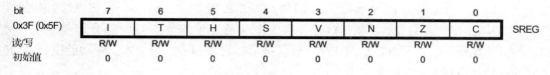

bit	7	6	5	4	3	2	1	0	
0x3F (0x5F)	I	T	H	S	V	N	Z	C	SREG
读/写	R/W	R/W	R/W	R/W	R/W	R/W	R/W	R/W	
初始值	0	0	0	0	0	0	0	0	

图 16.11　状态寄存器的各位的定义

I 位为全局中断使能位，当 I 位被置位时，CPU 可以响应中断请求；反之，所有中断被禁止。T 位为位复制存储位。位复制指令 BLD（位加载）和 BST（位存储）使用 T 位作为操作位的源或目的地。H 位为半进位标志位。H 位被置位表示算术操作发生了半进位。S 位为符号位。S 位的值始终是负数标志位（N 位）和二进制补码溢出标志位（V 位）的异或运算的结果。当 V 位被置位时，二进制补码溢出。当 N 位被置位时，算术或逻辑操作的结果为负数。Z 位为零标志位，当 Z 位被置位时，算术或逻辑操作的结果为 0。C 位为进位标志位，当 C 位被置位时，算术或逻辑操作发生了进位。

16.4.3　通用工作寄存器组

在 AVR 单片机的 CPU 中，32 个 8 位通用工作寄存器构成了一个通用工作寄存器组，如图 16.12 所示，它们为算术逻辑单元提供操作数。这些寄存器并不实际存在于 RAM 空间，而是通过地址映射的方式来获取这些寄存器的信息，映射的地址为 0x00～0x1F。在这些寄存器中，有 6 个寄存器（映射地址为 0x1A～0x1F）可以合并为 3 个 16 位间接寻址寄存器，它们分别被称为 X 寄存器、Y 寄存器和 Z 寄存器，用于对 SRAM 进行间接寻址。

7　　　　　0	地址	
R0	0x00	
R1	0x01	
R2	0x02	
⋮	⋮	
R13	0x0D	
R14	0x0E	
R15	0x0F	
R16	0x10	
R17	0x11	
⋮	⋮	
R26	0x1A	X寄存器低字节
R27	0x1B	X寄存器高字节
R28	0x1C	Y寄存器低字节
R29	0x1D	Y寄存器高字节
R30	0x1E	Z寄存器低字节
R31	0x1F	Z寄存器高字节

图 16.12　通用工作寄存器组

16.4.4　堆栈指针寄存器

下面首先介绍一下单片机中堆栈的作用。堆栈主要用于存储临时数据、局部变量，以及在中断和函数调用后存储返回地址。堆栈的实现方式为内存高地址向低地址增长，即向下增长。堆栈指针总是指向堆栈顶部，当有新的数据进入堆栈时，堆栈指针的数值将减小。堆栈指针寄存器由两个 8 位寄存器组成，分别代表地址的高 8 位和低 8 位，如图 16.13 所示。

bit	15	14	13	12	11	10	9	8	
0x3E (0x5E)	SP15	SP14	SP13	SP12	SP11	SP10	SP9	SP8	SPH
0x3D (0x5D)	SP7	SP6	SP5	SP4	SP3	SP2	SP1	SP0	SPL
	7	6	5	4	3	2	1	0	
读/写	R/W	R/W	R/W	R/W	R/W	R/W	R/W	R/W	
	R/W	R/W	R/W	R/W	R/W	R/W	R/W	R/W	
初始值	RAMEND	RAMEND	RAMEND	RAMEND	RAMEND	RAMEND	RAMEND	RAMEND	
	RAMEND	RAMEND	RAMEND	RAMEND	RAMEND	RAMEND	RAMEND	RAMEND	

图 16.13　堆栈指针寄存器

16.4.5　程序计数器、指令寄存器和指令译码器

程序计数器用于指示下一条指令在指令存储器（一般为芯片内部的 Flash）中的地址，取出的指令放在指令寄存器中，接着送给指令译码器产生控制信号，控制 CPU 执行相应的指令。

16.5　指令集

CPU 依据指令译码器的指令对寄存器执行操作。AVR 单片机的指令大部分为 16 位，少部分为 32 位，如表 16.1～表 16.5 所示。指令集可以分为算术逻辑运算指令、分支指令、位与位测试指令、数据传输指令和单片机控制指令。

表 16.1　算术逻辑运算指令

助记符	简介	具体操作	时钟周期/个
ADD	两个寄存器值相加	$Rd \leftarrow Rd + Rr$	1
ADC	带进位的两个寄存器值相加	$Rd \leftarrow Rd + Rr + C$	1
ADIW	加立即数	$Rdh:Rdl \leftarrow Rdh:Rdl + K$	2
SUB	两个寄存器值相减	$Rd \leftarrow Rd - Rr$	1
SUBI	寄存器值减去常数	$Rd \leftarrow Rd - K$	1
SBC	带进位的两个寄存器值相减	$Rd \leftarrow Rd - Rr - C$	1
SBCI	带进位的寄存器值减去常数	$Rd \leftarrow Rd - K - C$	1
SBIW	减立即数	$Rdh:Rdl \leftarrow Rdh:Rdl - K$	2
AND	两个寄存器值进行逻辑与	$Rd \leftarrow Rd \cdot Rr$	1
ANDI	寄存器值与常数进行逻辑与	$Rd \leftarrow Rd \cdot K$	1
OR	两个寄存器值进行逻辑或	$Rd \leftarrow Rd \vee Rr$	1

续表

助记符	简介	具体操作	时钟周期/个
ORI	寄存器值与常数进行逻辑或	Rd ← Rd ∨ K	1
EOR	两个寄存器值进行异或运算	Rd ← Rd ⊕ Rr	1
COM	按位取反	Rd ← 0xFF − Rd	1
NEG	取补码	Rd ← 0x00 − Rd	1
SBR	寄存器 K 位置 1	Rd ← Rd ∨ K	1
CBR	寄存器 K 位清零	Rd ← Rd • (0xFF − K)	1
INC	寄存器值自增	Rd ← Rd + 1	1
DEC	寄存器值自减	Rd ← Rd − 1	1
TST	测试零或负	Rd ← Rd • Rd	1
CLR	寄存器值所有位清零	Rd ← Rd ⊕ Rd	1
SER	寄存器值所有位置 1	Rd ← 0xFF	1
MUL	无符号数乘法运算	R1:R0 ← Rd * Rr	2
MULS	有符号数乘法运算	R1:R0 ← Rd * Rr	2
MULSU	有符号数和无符号数乘法运算	R1:R0 ← Rd * Rr	2
FMUL	无符号数除法运算	R1:R0 ← (Rd * Rr) << 1	2
FMULS	有符号除法运算	R1:R0 ← (Rd * Rr) << 1	2
FMULSU	有符号数和无符号数除法运算	R1:R0 ← (Rd * Rr) << 1	2

表 16.2　分支指令

助记符	简介	具体操作	时钟周期/个
RJMP	相对跳转	PC ← PC + k + 1	2
IJMP	间接跳转到 Z	PC ← Z	2
JMP	直接跳转	PC ← k	3
RCALL	相对子程序调用	PC ← PC + k + 1	3
ICALL	间接调用 Z	PC ← Z	3
CALL	直接调用子程序	PC ← k	4
RET	子程序返回	PC ← STACK	4
RETI	中断返回	PC ← STACK	4
CPSE	比较两个寄存器值，如果相等，则跳过	if (Rd = Rr) PC ← PC + 2 or 3	1/2/3
CP	比较两个寄存器值	Rd − Rr	1
CPC	带进位比较两个寄存器值	Rd − Rr − C	1
CPI	比较寄存器值与立即数	Rd − K	1
SBRC	寄存值某一位被清零时跳过	if (Rr(b)=0) PC ← PC + 2 or 3	1/2/3
SBRS	寄存值某一位被置 1 时跳过	if (Rr(b)=1) PC ← PC + 2 or 3	1/2/3
SBIC	I/O 寄存器某一位被清零时跳过	if (P(b)=0) PC ← PC + 2 or 3	1/2/3
SBIS	I/O 寄存器某一位被置 1 时跳过	if (P(b)=1) PC ← PC + 2 or 3	1/2/3
BRBS	状态寄存器某一位被置 1 时跳转到指定地址	if (SREG(s) = 1) then PC ← PC+k + 1	1/2
BRBC	状态寄存器某一位被清零时跳转到指定地址	if (SREG(s) = 0) then PC ← PC+k +1	1/2
BREQ	运算结果相等时跳转到指定地址	if (Z = 1) then PC ← PC + k + 1	1/2
BRNE	运算结果不相等时跳转到指定地址	if (Z = 0) then PC ← PC + k + 1	1/2
BRCS	运算发生进位时跳转到指定地址	if (C = 1) then PC ← PC + k + 1	1/2
BRCC	运算没有发生进位时跳转到指定地址	if (C = 0) then PC ← PC + k + 1	1/2

续表

助记符	简介	具体操作	时钟周期/个
BRSH	运算结果相同或更大时跳转到指定地址	if (C = 0) then PC ← PC + k + 1	1/2
BRLO	运算结果更小时跳转到指定地址	if (C = 1) then PC ← PC + k + 1	1/2
BRMI	运算结果为负数时跳转到指定地址	if (N = 1) then PC ← PC + k + 1	1/2
BRPL	运算结果为正数时跳转到指定地址	if (N = 0) then PC ← PC + k + 1	1/2
BRGE	有符号数运算结果相同或更大时跳转到指定地址	if (N ⊕ V = 0) then PC ← PC + k + 1	1/2
BRLT	有符号数运算结果小于 0 时跳转到指定地址	if (N ⊕ V = 1) then PC ← PC + k + 1	1/2
BRHS	半进位标志置 1 时跳转到指定地址	if (H = 1) then PC ← PC + k + 1	1/2
BRHC	半进位标志清零时跳转到指定地址	if (H = 0) then PC ← PC + k + 1	1/2
BRTS	T 位被置 1 时跳转到指定地址	if (T = 1) then PC ← PC + k + 1	1/2
BRTC	T 位被清零时跳转到指定地址	if (T = 0) then PC ← PC + k + 1	1/2
BRVS	V 位被置 1 时跳转到指定地址	if (V = 1) then PC ← PC + k + 1	1/2
BRVC	V 位被清零时跳转到指定地址	if (V = 0) then PC ← PC + k + 1	1/2
BRIE	中断使能时跳转到指定地址	if (I = 1) then PC ← PC + k + 1	1/2
BRID	中断未使能时跳转到指定地址	if (I = 0) then PC ← PC + k + 1	1/2

表 16.3 位与位测试指令

助记符	简介	具体操作	时钟周期/个
SBI	I/O 寄存器某一位置 1	I/O(P,b) ← 1	2
CBI	I/O 寄存器某一位清零	I/O(P,b) ← 0	2
LSL	寄存器值左移一位	Rd(n+1) ← Rd(n), Rd(0) ← 0	1
LSR	寄存器值右移一位	Rd(n) ← Rd(n+1), Rd(7) ← 0	1
ROL	带进位的循环左移	Rd(0)←C,Rd(n+1)← Rd(n),C←Rd(7)	1
ROR	带进位的循环右移	Rd(7)←C,Rd(n)← Rd(n+1),C←Rd(0)	1
ASR	算术右移	Rd(n) ← Rd(n+1), (n=0,1,2,6)	1
SWAP	交换半字节	Rd(3...0)←Rd(7...4),Rd(7...4)←Rd(3...0)	1
BSET	状态寄存器某一位置 1	SREG(s) ← 1	1
BCLR	状态寄存器某一位清零	SREG(s) ← 0	1
BST	将寄存器某一位的值存到 T 标志位	T ← Rr(b)	1
BLD	T 位的值加载到寄存器某一位	Rd(b) ← T	1
SEC	C 位置 1	C ← 1	1
CLC	C 位清零	C ← 0	1
SEN	N 位置 1	N ← 1	1
CLN	N 位清零	N ← 0	1
SEZ	Z 位置 1	Z ← 1	1
CLZ	Z 位清零	Z ← 0	1
SEI	I 位置 1	I ← 1	1
CLI	I 位清零	I ← 0	1
SES	S 位置 1	S ← 1	1
CLS	S 位清零	S ← 0	1
SEV	V 位置 1	V ← 1	1
CLV	V 位清零	V ← 0	1

续表

助记符	简介	具体操作	时钟周期/个
SET	T 位置 1	T ← 1	1
CLT	T 位清零	T ← 0	1
SEH	H 位置 1	H ← 1	1
CLH	H 位清零	H ← 0	1

表 16.4　数据传输指令

助记符	简介	具体操作	时钟周期
MOV	寄存器之间复制值	Rd ← Rr	1
MOVW	复制寄存器字	Rd+1:Rd ← Rr+1:Rr	1
LDI	加载立即数	Rd ← K	1
LD	间接加载	Rd ← (X)	2
LD	间接加载后源地址自增	Rd ← (X), X ← X + 1	2
LD	源地址自减后加载	X ← X − 1, Rd ← (X)	2
LD	间接加载	Rd ← (Y)	2
LD	间接加载后源地址自增	Rd ← (Y), Y ← Y + 1	2
LD	源地址自减后加载	Y ← Y − 1, Rd ← (Y)	2
LDD	带偏移量的间接加载	Rd ← (Y + q)	2
LD	间接加载	Rd ← (Z)	2
LD	间接加载后源地址自增	Rd ← (Z), Z ← Z+1	2
LD	源地址自减后加载	Z ← Z − 1, Rd ← (Z)	2
LDD	带偏移量的间接加载	Rd ← (Z + q)	2
LDS	直接从 SRAM 加载	Rd ← (k)	2
ST	间接存储	(X) ← Rr	2
ST	间接存储后目标地址自增	(X) ← Rr, X ← X + 1	2
ST	目标地址自减后间接存储	X ← X − 1, (X) ← Rr	2
ST	间接存储	(Y) ← Rr	2
ST	间接存储后目标地址自增	(Y) ← Rr, Y ← Y + 1	2
ST	目标地址自减后间接存储	Y ← Y − 1, (Y) ← Rr	2
STD	带偏移量的间接存储	(Y + q) ← Rr	2
ST	间接存储	(Z) ← Rr	2
ST	间接存储后目标地址自增	(Z) ← Rr, Z ← Z+1	2
ST	目标地址自减后间接存储	Z ← Z − 1, (Z) ← Rr	2
STD	带偏移量的间接存储	(Z + q) ← Rr	2
STS	直接存储到 SRAM	(k) ← Rr	2
LPM	加载程序内存	R0 ← (Z)	3
LPM	加载程序内存	Rd ← (Z)	3
LPM	加载程序内存后源地址自增	Rd ← (Z), Z ← Z+1	3
SPM	存储程序内存	(Z) ← R1:R0	—
IN	端口值加载到寄存器	Rd ← P	1
OUT	寄存器值加载到端口	P ← Rr	1
PUSH	寄存器值入栈	STACK ← Rr	2
POP	寄存器值出栈	Rd ← STACK	2

表 16.5　单片机控制指令

助记符	简介	具体操作	时钟周期/个
NOP	无任何操作	无	1
SLEEP	单片机休眠	单片机进入休眠模式	1
WDR	看门狗复位	看门狗复位	1
BREAK	断点	调试模式下打断点	N/A

16.6　存储空间

AVR 内核包含两块内存空间，分别是程序空间和数据空间，对于 ATmega328P，其内部还包含 EEPROM 外设，可以用于存储数据且掉电不丢失。

16.6.1　程序空间

AVR 单片机的程序存储在片内 Flash 中。由于 AVR 指令的宽度为 16 位或 32 位，因此 Flash 是以 16 位为单位设置的。Flash 有至少 10000 次的写入擦除寿命。对于 ATmega 系列，除了 ATmega48A 和 ATmega48PA，程序空间被分为应用闪存区和引导（Boot）闪存区两部分，引导（Boot）闪存区位于高地址处，其大小可以通过熔丝位进行设置。ATmega328P 的程序空间地址分配如图 16.14 所示。这里简单介绍一下引导（Boot）闪存区的概念。引导（Boot）闪存区中是单片机或嵌入式系统上电或复位后运行的一段代码，用于实现初始化硬件设备，完成处理器和周边电路正常运行所需的初始化工作，建立正确的内存空间的映射，初始化栈，检测并初始化内存，初始化全局变量，引导操作系统或执行用户应用程序等。

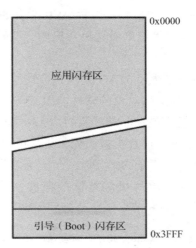

图 16.14　ATmega328P 的程序空间地址分配

16.6.2　数据空间

ATmega 系列单片机的数据空间大小为 768/1280/1280/2303B，其中，ATmega328P 的数据

空间的大小为 2303B，ATmega328P 的数据空间地址分配如图 16.15 所示，由 4 部分组成：通用工作寄存器组映射空间，地址范围为 0x0000～0x001F；I/O 空间，包含 64 个 I/O 寄存器，地址范围为 0x0020～0x005F；拓展 I/O 空间，包含 160 个拓展 I/O 寄存器，地址范围为 0x0060～0x00FF；SRAM 空间，是用户实际可以使用的 RAM 空间，地址范围为 0x0100～0x08FF。

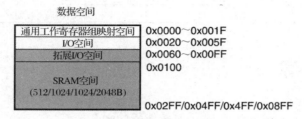

图 16.15　ATmega328P 的数据空间地址分配

16.6.3　EEPROM 空间

ATmega 系列单片机内置了大小为 256/512/512/1024B 的 EEPROM，它是一个独立的数据空间。ATmega328P 内置的 EEPROM 的大小为 1024B。内置的 EEPROM 有至少 100000 次读/写寿命，CPU 可以通过访问对应的寄存器对其进行单字节的读/写操作。

16.7　熔丝位

16.7.1　熔丝位概念介绍

熔丝位是 AVR 单片机独有的一种机制。每种 AVR 单片机内部都设置有具有特定含义的熔丝位。用户可以通过配置这些熔丝位来设置单片机的一些特性、参数、I/O 配置和代码加密等。

用户可以通过并行编程、ISP 编程、JTAG 编程的方式对 AVR 单片机的熔丝位进行配置，官方和第三方也提供一些可视化配置熔丝位的软件，如 AVR Studio、CVAVR 等。

熔丝位的配置对 AVR 单片机来说是非常重要的，随意修改熔丝位往往会造成一些意想不到的后果，如单片机无法正常运行、单片机被锁死、无法再次进入 ISP 编程模式等。

ATmega 系列单片机的熔丝位一共有 3B，即 24 位，可以分为拓展字节、高字节和低字节 3 种，ATmega 系列中不同型号的单片机熔丝位的拓展字节和高字节存在一定的差异。ATmega328P 熔丝位的拓展字节、高字节、低字节分别如表 16.6～表 16.8 所示。

表 16.6　ATmega328P 熔丝位的拓展字节

熔丝位拓展字节	位序号	描述	默认值
—	7	—	1
—	6	—	1
—	5	—	1
—	4	—	1

续表

熔丝位拓展字节	位序号	描述	默认值
—	3	—	1
BODLEVEL2	2	断电检测器触发电平	1（未编程）
BODLEVEL1	1	断电检测器触发电平	1（未编程）
BODLEVEL0	0	断电检测器触发电平	1（未编程）

表 16.7　ATmega328P 熔丝位的高字节

熔丝位高字节	位序号	描述	默认值
RSTDISBL	7	关闭外部复位	1（未编程）
DWEN	6	开启调试端口	1（未编程）
SPIEN	5	使能串行编程和数据下载	0（已编程，使能 SPI 接口编程）
WDTON	4	看门狗定时器一直工作	1（未编程）
EESAVE	3	擦除芯片时保留 EEPROM 存储内容	1（未编程），EEPROM 存储内容不保留
BOOTSZ1	2	选择引导程序大小	0（已编程）
BOOTSZ0	1	选择引导程序大小	0（已编程）
BOOTRST	0	选择复位向量	1（已编程）

表 16.8　ATmega328P 熔丝位的低字节

熔丝位低字节	位序号	描述	默认值
CKDIV8	7	时钟 8 分频	0（已编程）
CKOUT	6	时钟信号输出	1（未编程）
SUT1	5	选择启动时间	1（已编程）
SUT0	4	选择启动时间	0（已编程）
CKSEL3	3	选择时钟源	0（已编程）
CKSEL2	2	选择时钟源	0（已编程）
CKSEL1	1	选择时钟源	1（未编程）
CKSEL0	0	选择时钟源	0（已编程）

16.7.2　重要熔丝位的配置

本节介绍 ATmega328P 一些重要熔丝位的配置。

CKSEL3～CKSEL0 这 4 位用于选择单片机的时钟源，其默认值为 0010，对应的时钟源为内部 8MHz 的 RC 振荡器。当它使用外部时钟源（如无源晶振）时，需要将其值设置为 0000，外部时钟源的频率为 0～16MHz。

SPIEN 位用于配置是否使能 SPI 方式下载数据和程序，其默认值为 0，即使能 SPI 方式。

WDTON 位用于配置看门狗定时器是否始终开启，其默认值为 1，即禁止看门狗定时器始终开启。看门狗定时器设置为始终开启可以防止在程序跑飞时，未知代码读/写寄存器；将看门狗定时器关断，可有效提升单片机系统的可靠性。

EESAVE 位用于设置执行内部 Flash 擦除时是否保留 EEPROM 中的数据，其默认值为 1，即不保留 EEPROM 中的数据。当将该位设置为 0 时，擦除 Flash 数据时会保留 EEPROM 中的数据，这在某些应用场合是非常有用的。

BOOTRST 位用于决定芯片上电时执行程序的起始地址，其默认值为 1，即启动时从 0x0000 处开始执行程序。如果将该位设置为 0，则启动时从引导（Boot）闪存区的起始地址开始执行程序。

BOOTSZ1 和 BOOTSZ0 位用于设置引导（Boot）闪存区的大小及具体的起始地址，其默认值为 00，它们之间的对应关系如表 16.9 所示。

表 16.9　ATmega328P 的 BOOSZ1 和 BOOSZ0 位与引导（Boot）闪存区参数之间的对应关系

BOOTSZ1	BOOTSZ0	引导程序大小	页数	应用闪存区地址	引导程序闪存区地址	应用闪存区终止地址	引导程序复位地址
1	1	256 字	4	0x0000～0x3EFF	0x3F00～0x3FFF	0x3EFF	0x3F00
1	0	512 字	8	0x0000～0x3DFF	0x3E00～0x3FFF	0x3DFF	0x3E00
0	1	1024 字	16	0x0000～0x3BFF	0x3C00～0x3FFF	0x3BFF	0x3C00
0	0	2048 字	32	0x0000～0x37FF	0x3800～0x3FFF	0x37FF	0x3800

16.8　使用 Microchip Studio 开发 ATmega328P

16.8.1　Microchip Studio 介绍

Microchip Studio 是 Microchip Technology 推出的一款免费的集成开发环境，用于嵌入式系统的开发，提供了丰富的工具和功能以支持 Microchip Technology 推出的单片机的编程、调试与部署。Microchip Studio 支持多种编译器，如 GCC 和 IAR 编译器；支持多种编程语言，如 C、C++和汇编语言。

Microchip Studio 的前生是 Atmel Studio，在 Atmel 公司被 Microchip Technology 收购后，将其更名为 Microchip Studio，它整合了 Atmel Studio 原有的功能并拓展支持更多 Microchip Technology 的单片机系列。Microchip Studio 本身是基于 Visual Studio Shell 开发的，如果读者比较熟悉 Visual Studio，则会大大降低 Microchip Studio 的上手难度。

16.8.2　Microchip Studio 的安装

Microchip Studio 可以直接在 Microchip Technology 的官网下载。如图 16.16 所示，选择 "Microchip Studio for AVR and SAM Devices-Offline Installer" 选项，下载完成后，单击.exe 文件进行安装，安装位置可以选择在非 C 盘位置，也可以选择默认的安装位置，之后全部选项保持默认设置，等待软件安装完成即可。

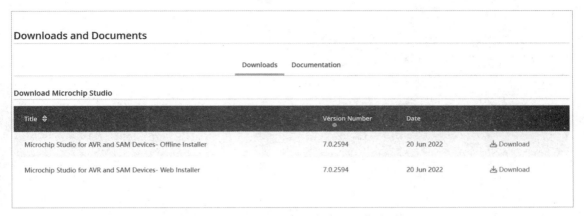

图 16.16　Microchip Studio 官网下载界面

打开 Microchip Studio，如图 16.17 所示。可以看出，Microchip Studio 的整体界面风格比较接近 Visual Studio 早期版本的界面风格。

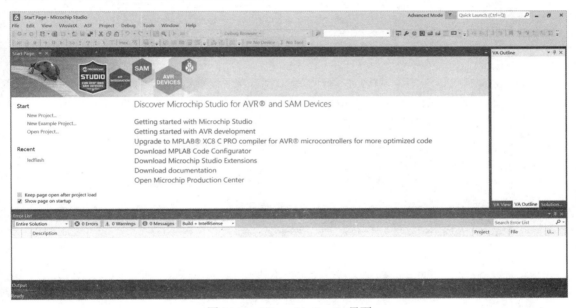

图 16.17　Microchip Studio 界面

16.8.3　新建工程

选择"File"→"New"→"Project"选项，弹出"New Project"对话框，如图 16.18 所示。选择"GCC C Executable Project"选项，"Name"和"Location"文本框分别用于修改工程的名称与路径。

单击"OK"按钮，进入"Device Selection"（芯片型号选择）对话框，在"Device Family"下拉列表中可以选择芯片所属的系列，或者直接通过右上角的搜索框搜索芯片型号，这里选择 ATmega328P，如图 16.19 所示。单击"OK"按钮，完成工程的创建。

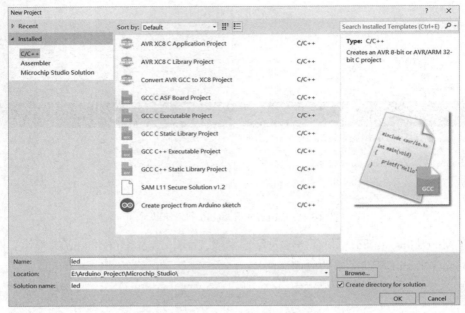

图 16.18 "New Project" 对话框

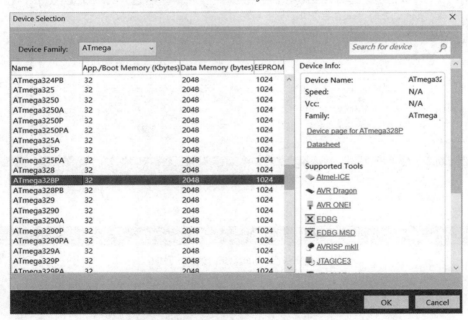

图 16.19 "Device Selection" 对话框

16.8.4 工具配置

Microchip Studio 没有原生支持 Arduino 开发，需要进行额外的设置。选择 "Tools" → "External Tools" 选项，弹出 "External Tools" 对话框，如图 16.20 所示。在这里添加一个 Arduino UNO R3 的配置，在 "Title" 文本框中填写 Arduino UNO R3；在 "Command" 文本框中填写 Arduino IDE 中 avrdude.exe 的路径，高版本的 Arduino IDE 可能没有 avrdude.exe，读者需要

进行搜索并自行下载。在"Arguments"文本框中填写-C "D:\avrdude_v7.2\avrdude.conf" -v -p atmega328p -c arduino -P COM6 -b 115200 -D -U flash:w:"$(ProjectDir)Debug\$(TargetName).hex":i。其中，前半部分的路径为 avrdude.conf 的文件路径，其他的除 COM6 表示的串口号需要读者根据设备管理器查看 Arduino 连接到计算机后对应的串口号进行修改外，都可以直接复制粘贴。勾选"Use Output window"复选框，单击"OK"按钮保存设置。

图 16.20　"External Tools"对话框

16.8.5　编译和烧写程序

本节以 LED 闪烁程序为例介绍 Microchip Studio 编译和烧写程序的流程。将下面的程序复制粘贴到 Microchip Studio 中，寄存器操作的相关知识会在后面介绍。

```c
#ifndef F_CPU
#define F_CPU 10000000UL
#endif

#include <avr/io.h>
#include <util/delay.h>

int main(void)
{
    DDRB =(1<<DDB5);
    while (1)
    {
        PORTB |=(1<<PORTB5);
        _delay_ms(1000);
        PORTB &= !(1<<PORTB5);
        _delay_ms(1000);
    }
```

```
}
```

单击"Build Solution"按钮，其位置如图 16.21 所示。在"Output"输出信息栏中可以看到"Build succeeded"的字样，表示编译成功。

图 16.21 "Build Solution"按钮的位置

选择"Tools"→"Arduino UNO R3"选项，在"Output"输出信息栏中可以看到如图 16.22 所示的信息，表示烧写成功。如果发现报错，则需要查看在设置 Arduino UNO R3 工具时的路径是否正确，以及端口号是否与连接 Arduino UNO R3 之后的实际端口号一致。

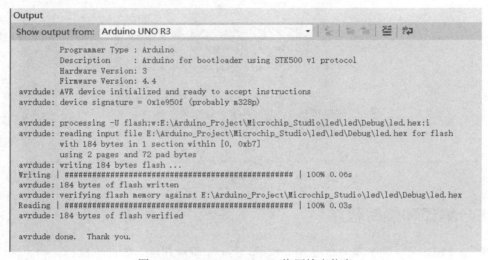

图 16.22 Microchip Studio 烧写输出信息

16.8.6 实验现象

程序烧写完成后，观察到 Arduino UNO R3 板载的 LED 以 1s 为周期闪烁，如图 16.23 所示。

图 16.23 实验现象

16.9　小结

　　本章从底层硬件的角度重新介绍了 Arduino UNO R3 使用的主控单片机 ATmega328P，以及如何使用 Microchip Technolgy 官方提供的集成开发环境 Microchip Studio 编译和烧写 AVR 单片机的程序。单片机软件的程序编写始终是与硬件相结合的，希望读者在接下来的学习中深刻理解 AVR 单片机的底层架构，学会自己查看数据手册和参考手册，实现想要的功能。

第 17 章

AVR 单片机的数字输入/输出

总结第 16 章的内容，AVR 单片机通过寄存器控制所有资源，从而实现各种功能。在这么多功能中，单片机的数字输入/输出是最简单的功能，其中，LED 的亮灭控制一般都是学习单片机时的第一个步骤，就像学习程序语言时的 "Hello World！" 一样。通过本章的学习，读者可以学会如何控制 AVR 单片机的数字 I/O 的输出，从而控制 LED 的亮灭。如果读者能够看懂并独立完成 LED 的亮灭控制，意味着读者已经踏进了在寄存器层面控制单片机的第一道门槛。

本章实现功能：

1. 数字接口输出：单片机通过数字接口控制 LED 的闪烁。
2. 数字接口输入：通过外部按键控制 LED 的亮灭。

17.1 I/O 寄存器控制

如果我们能控制单片机的数字 I/O 输出高、低电平，就可完成对 LED 亮灭的控制。实际上，单片机就是通过 I/O 寄存器来完成对 I/O 口的控制的，既可以控制输出高、低电平，又可以控制读取输入的高、低电平。

AVR 单片机的每组 I/O 口都配备了 3 个 8 位寄存器，它们分别是数据方向寄存器 DDRx、数据寄存器 PORTx 和输入引脚寄存器 PINx（x 表示端口号）。I/O 口的工作方式和表现特征由这 3 个 I/O 寄存器来控制。AVR 单片机的 3 组 I/O 口分别命名为 B、C、D，并且这些端口的结构都是一样的。AVR 单片机原理图如图 16.9 所示。

1. DDRx、PORTx 和 PINx

下面简要介绍控制 I/O 口的 3 个寄存器 DDRx、PORTx 和 PINx 的主要特点与工作原理。AVR 单片机 I/O 口的内部结构如图 17.1 所示。

可以看到，每个 I/O 口都有一个上拉电阻，上拉电阻的作用就是当端口处于输入状态时，即使外部端口没有连接其他器件，引脚也能保持一个确定的电平，不会出现逻辑不确定的状态。上拉电阻还可以解决总线驱动能力不足的问题，因此，当上拉电阻起作用时，这个端口就具备了输出大电流的能力。图 17.1 中 SLEEP 信号线可以把施密特触发器前端的信号直接钳位到地，在输入信号悬空或模拟信号电平接近 $\dfrac{V_{CC}}{2}$ 的时候降低功耗。

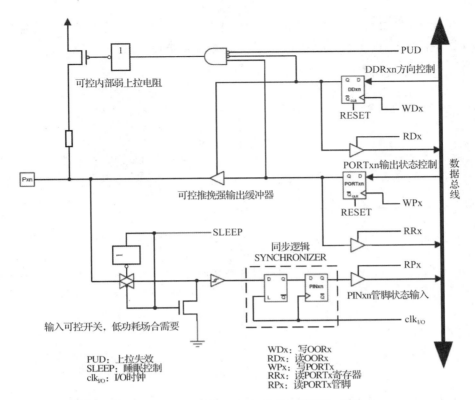

端口引脚配置

DDRxn	PORTxn	PUD (in SFIOR)	I/O	上拉电阻	说明
0	0	X	Input	No	高阻态（Hi-Z）
0	1	0	Input	Yes	被外部电路拉低时将输出电流
0	1	1	Input	No	高阻态（Hi-Z）
1	0	X	Output	No	输出低电平（吸收电流）
1	1	X	Output	No	输出高电平（输出电流）

图 17.1　AVR 单片机 I/O 口的内部结构

　　DDRx 用于控制 I/O 口的输入/输出方向，即控制 I/O 口的工作模式为输出还是输入。上拉电阻的控制信号与一个与门相连接，与门连接 DDRxn 和 PORTxn，还有一个 PUD 信号，这个信号是全局上拉电阻控制信号，位于 MCUCR 中。如果将 PUD 置 1，则无论 DDRxn 与 PORTxn 怎么设置，芯片所有 I/O 口的上拉电阻都被禁用。

　　当 DDRx=1 时，I/O 口处于输出工作模式。此时，PORTx 中的数据通过一个推挽电路输出到外部引脚，推挽电路结构如图 17.2 所示。

　　当 DDRx=0 时，I/O 口处于输入工作模式。此时，PINx 中的数据就是外部引脚的实际电平，通过读 I/O 指令可将物理引脚的真实数据读入单片机。此外，通过 PORTx 的控制，可使用或不使用内部上拉电阻。

　　AVR 单片机的输出采用推挽电路，增强了 I/O 口的输出能力，当 PORTx=1 时，I/O 口呈现高电平，同时可提供 **20mA** 的输出电流。此时，INT 为高电平，经过非门后为低电平，下面的管子截止，上面的管子导通，引脚输出高电平，电流从端口流出。

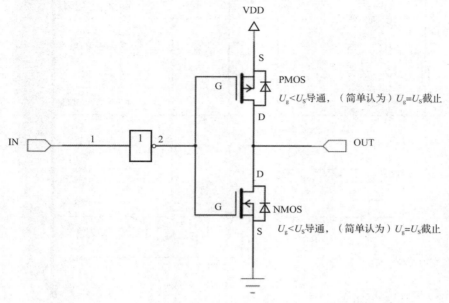

图 17.2　推挽电路结构

而当 **PORTx=0** 时，I/O 口呈现低电平，同时可吸纳 **20mA** 的电流。此时，IN 为低电平，经过非门后为高电平，下面的管子导通，上面的管子截止，引脚输出低电平，电流从外部流入端口。

因此，AVR 单片机的 I/O 口在输出模式下提供了比较强的驱动能力，可以直接驱动 LED 等小功率外围器件。读者在学完数字电路原理后会对上述解释理解得更深刻。

2．I/O 口的复用（第二功能）

AVR 单片机的 I/O 口除了作为普通 I/O 口输入/输出，还可以复用为其他功能引脚，如模拟输入引脚，硬件 SPI、UART 引脚等。因为多数情况下单片机的 I/O 口并不会全部用完，所以可以将其复用为其他功能引脚。当然，在某个时刻只能使用其中的一种功能，不可能两种功能同时使用，因此才称之为复用。

由图 17.3 可以看到，I/O 口第二功能的结构中多了很多信号，它们的主要功能是改变引脚的驱动源，如果启动了第二功能，那么引脚将不一定受 DDRx 和 PORTx 的控制。

要启动第二功能，只需设置合适的引脚驱动方向，并配置相应功能的寄存器就可以了。

下面以 SPI 的配置为例讲解一下 I/O 口的第二功能。

把 SPI 控制寄存器 SPCR 中的使能标志位置 1 后，就可以启动 I/O 口的第二功能。此时，相关 I/O 口的电平已经不能通过 I/O 口寄存器来控制了，而是由 SPI 的收发逻辑来自动控制。

MOSI 和 SCK 引脚是输出引脚，其他引脚都应该是输入引脚，因为复位后默认引脚方向就是输入，所以把 MOSI 和 SCK 的引脚方向配置为输出。

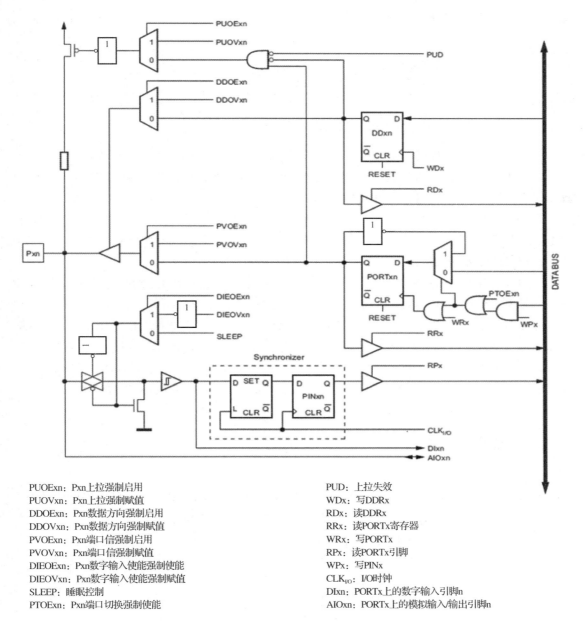

PUOExn：Pxn上拉强制启用   PUD：上拉失效
PUOVxn：Pxn上拉强制赋值   WDx：写DDRx
DDOExn：Pxn数据方向强制启用   RDx：读DDRx
DDOVxn：Pxn数据方向强制赋值   RRx：读PORTx寄存器
PVOExn：Pxn端口信强制启用   WRx：写PORTx
PVOVxn：Pxn端口信强制赋值   RPx：读PORTx引脚
DIEOExn：Pxn数字输入使能强制使能   WPx：写PINx
DIEOVxn：Pxn数字输入使能强制赋值   CLK$_{I/O}$：I/O时钟
SLEEP：睡眠控制   DIxn：PORTx上的数字输入引脚n
PTOExn：Pxn端口切换强制使能   AIOxn：PORTx上的模拟输入/输出引脚n

图 17.3　I/O 口第二功能的结构

使能 SPI，并且设置其为主机，时钟频率为芯片主频的 1/16。

对于其他寄存器的具体含义，读者可以在后面的章节中学习。以下是配置 SPI 的示例代码：

```
void SPI_MasterInit(void)
{
  DDR_SPI=(1<<DD_MOSI)|(1<<DD_SCK);//设置 MOSI 和 SCK 的引脚方向为输出，其他均为输入
  SPCR=(1<<SPE)|(1<<MSTR)|(1<<SPR0);//使能 SPI，设置时钟频率 SCK
}
```

```
void SPI_MasterTransmit(char cDaTa)
{
  SPDR=cData;//开始发送
  while(!(SPSR & (1<<SPIF)))
  ;//等待发送完成
}
```

3. 使用 AVR 单片机 I/O 口的注意事项

PORTx 和 DDRx 为读/写寄存器，而端口输入引脚寄存器 PINx 为只读寄存器。

写用 PORTx，读取用 PINx。读者在做实验时，尽量不要把引脚直接接到 GND/VCC 引脚，因为当设定不当时，I/O 口将会输出/灌入 80mA（V_{CC}=5V）的大电流，导致器件损坏。

当 I/O 口作为输入时，通常要使能内部上拉电阻，悬空（高阻态）将会很容易受干扰。在将 I/O 口用于高阻模拟信号输入时，切记不要使能内部上拉电阻，否则会影响精度，如 ADC 输入、模拟比较器输入等。

总的来说，AVR 单片机的 I/O 口结构同其他类型单片机的 I/O 口结构的明显区别是，AVR 单片机采用 3 个寄存器来控制 I/O 口。一般单片机的 I/O 口仅有数据寄存器和控制寄存器，而 AVR 单片机还多了一个方向控制器，用于控制 I/O 口的输入/输出方向。由于输入寄存器 PINx 实际不是一个寄存器，而是一个可选通的三态缓冲器，外部引脚通过该三态缓冲器与 MCU 的内部总线连接，因此，读 PINx 时是读取外部引脚上的真实值和实际逻辑值，实现了外部信号的同步输入。这种结构的 I/O 口具备了真正的读-修改-写（Read-Modify-Write）特性。

17.2　流程图

本书所用的开发板是 Arduino UNO，内置的是 AVR 的 ATmega328P。这里用单片机控制外部的一个 LED 闪烁。图 17.4 所示为单片机控制 LED 闪烁的流程图。

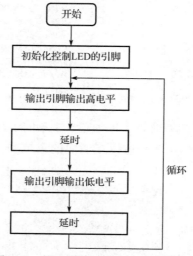

图 17.4　单片机控制 LED 闪烁的流程图

图 17.5 所示为通过外部按键控制 LED 的亮灭的流程图。

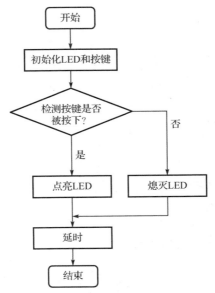

图 17.5　通过外部按键控制 LED 的亮灭的流程图

17.3　程序设计

17.3.1　单片机 C 语言基础

本书前面的 Arduino 部分使用的是 setup()、loop()函数的结构，从本章开始，将开始使用包含 main()函数的标准 C 语言来编写单片机程序。尽管汇编语言有助于我们学习并理解底层硬件的分配情况，但 C 语言在可读性、可移植性、可维护性等方面都有较明显的优势。因此在介绍单片机应用实例时，都采用 C 语言来编写。有关 C 语言的具体语法，这里不再赘述。

1. 位运算

与操作符（&）：对两个二进制数的对应位进行与运算，若结果为 1 则保留，若结果为 0 则清零。

或操作符（|）：对两个二进制数的对应位进行或运算，若结果为 1 则保留，若结果为 0 则保持原值。

异或操作符（^）：对两个二进制数的对应位进行异或运算，相同为 0，不相同为 1。

取反操作符（~）：将二进制数的每一位取反，即 0 变 1，1 变 0。

左移操作符（<<）：将二进制数的所有位向左移动指定的位数，右侧补 0。语法：a<<b，其中，a 是要进行左移的二进制数，b 是要左移的位数。

右移操作符（>>）：将二进制数的所有位向右移动指定的位数，左侧根据符号位补 0 或 1。语法：a>>b，其中，a 是要进行右移的二进制数，b 是要右移的位数。

2．宏定义

在单片机编程中，宏定义是一种预处理指令，用于简化代码、提高可读性，并实现代码的重用。

使用 #define 关键字定义宏，其语法为

```
#define 宏名 值
```

其中，宏名通常用大写字母表示，值可以是常数、表达式、函数等。

宏可以带参数，类似于函数，其语法为

```
#define 宏名(参数列表) 值
```

例如，#define SQUARE(x) ((x) * (x))，使用 int result = SQUARE(5); 语句将宏展开为 (5) × (5)。

17.3.2　数字接口输出实验程序

现在编写代码，实现本章的第一个功能：单片机通过 I/O 口控制 1 个 LED 的闪烁，读者可根据自己的开发板原理图修改程序代码。

```c
#include <avr/io.h>
#include <util/delay.h>
#define LED_PIN PB5
void LED_Init()
{
  DDRB=(1<<LED_PIN);
}

int main(void)
{
  LED_Init();
    while (1)
    {
        PORTB |=(1<<LED_PIN);
        _delay_ms(1000);
        PORTB &= !(1<<LED_PIN);
        _delay_ms(1000);
    }
    return 0;
}
```

注意：由于使用宏定义的写法可以使代码具有更高的可读性和可移植性，因此推荐读者使用。

17.3.3　数字接口输入实验程序

本节实现本章的第二个功能：通过外部按键控制 LED 的亮灭。该程序使用 AVR 单片机的 GPIO 引脚来控制 LED 和按键。首先，将 LED 的引脚配置为输出模式，按键引脚配置为输

入模式，并启用按键引脚的上拉电阻；然后，在一个无限循环中，检测按键的状态，如果按键被按下，则点亮 LED，否则熄灭 LED。程序中使用了延时函数_delay_ms()来控制 LED 的闪烁频率，程序代码如下：

```c
#define LED_PIN PB5
#define BUTTON_PIN PD2
#include <avr/io.h>
#include <util/delay.h>

void LED_Init(void)
{
    DDRB  |=(1<<LED_PIN);          //将数字接口13设置为输出端口
   PORTB  |=(1<<LED_PIN);          //初始化该端口输出高电平
}

void Key_Init(void)
{
    DDRD  &=(0<<BUTTON_PIN);       //设置数字接口2为输入端口
    PORTD  |=(1<<BUTTON_PIN);      //启用按键引脚的上拉电阻
}

int main(void)
{
    LED_Init();
   Key_Init();
    while (1)
    {
            // 检测按键状态
        if (bit_is_clear(PIND, BUTTON_PIN))
        {
            // 按键被按下，点亮 LED
            PORTB |= (1 << LED_PIN);
        }
        else
        {
            // 按键未被按下，熄灭 LED
            PORTB &= (0 << LED_PIN);
        }
        _delay_ms(100); // 延时 100ms

    }
    return 0;
}
```

17.4　系统连接

结合 ATmega328P 芯片和 Arduino UNO 引脚对应原理图（见图 17.6），可以进行硬件连

単片机基础与 Arduino 应用（第 2 版）

接。数字接口输出实验连接图如图 17.7 所示。

Arduino function				Arduino function
reset	(PCINT14/RESET) PC6	1 28	PC5 (ADC5/SCL/PCINT13)	analog input 5
digital pin 0 (RX)	(PCINT16/RXD) PD0	2 27	PC4 (ADC4/SDA/PCINT12)	analog input 4
digital pin 1 (TX)	(PCINT17/TXD) PD1	3 26	PC3 (ADC3/PCINT11)	analog input 3
digital pin 2	(PCINT18/INT0) PD2	4 25	PC2 (ADC2/PCINT10)	analog input 2
digital pin 3 (PWM)	(PCINT19/OC2B/INT1) PD3	5 24	PC1 (ADC1/PCINT9)	analog input 1
digital pin 4	(PCINT20/XCK/T0) PD4	6 23	PC0 (ADC0/PCINT8)	analog input 0
VCC	VCC	7 22	GND	GND
GND	GND	8 21	AREF	analog reference
crystal	(PCINT6/XTAL1/TOSC1) PB6	9 20	AVCC	VCC
crystal	(PCINT7/XTAL2/TOSC2) PB7	10 19	PB5 (SCK/PCINT5)	digital pin 13
digital pin 5 (PWM)	(PCINT21/OC0B/T1) PD5	11 18	PB4 (MISO/PCINT4)	digital pin 12
digital pin 6 (PWM)	(PCINT22/OC0A/AIN0) PD6	12 17	PB3 (MOSI/OC2A/PCINT3)	digital pin 11(PWM)
digital pin 7	(PCINT23/AIN1) PD7	13 16	PB2 (SS/OC1B/PCINT2)	digital pin 10 (PWM)
digital pin 8	(PCINT0/CLKO/ICP1) PB0	14 15	PB1 (OC1A/PCINT1)	digital pin 9 (PWM)

图 17.6　ATmega328P 芯片和 Arduino UNO 引脚对应原理图

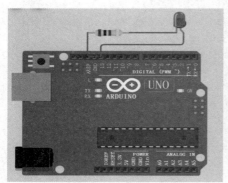
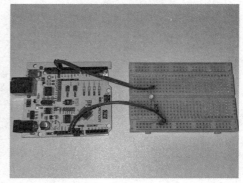

图 17.7　数字接口输出实验连接图

同样，使用一个外部按键、一个 LED、一个限流电阻，数字接口输入实验连接图如图 17.8 所示。外部按键接 ATmega328P 的 PD2 引脚，对应的就是 Arduino UNO 的数字接口 2，按键的另一个引脚接 Arduino UNO 的 GND 引脚。

图 17.8　数字接口输入实验连接图

17.5　烧写

在编译、烧写 AVR 单片机的程序时，可以使用 Atmel Studio 这个 IDE；也可以使用之前的 Arduino IDE，如图 17.9 所示。

```
Arduino Uno

sketch_jan22a.ino
  6   * Board : Arduino UNO
  7   */
  8  #ifndef F_CPU
  9  #define F_CPU 10000000UL
 10  #endif
 11
 12  #include <avr/io.h>
 13  #include <util/delay.h>
 14
 15  int main(void)
 16  {
 17    DDRB =(1<<DDB5);
 18    while (1)
 19    {
 20      PORTB |=(1<<PORTB5);
 21      _delay_ms(1000);
 22      PORTB &= !(1<<PORTB5);
 23      _delay_ms(1000);
 24    }
 25    return 0;
 26  }
 27

输出
项目使用 180 字节 (0%) 的程序存储空间。最大值为 32256 字节。
个全局变量使用 0 个字节 (0%) 的动态内存，剩下 2048 个字节用于局部变量。最大值为 2048 字节。
                                          上传完成
                                          行 6, 列 24  Arduino Uno 在COM14上
```

图 17.9　使用 Arduino IDE 进行烧写

当显示上传完成后，程序已经加载到单片机的 ROM 中，单片机开始从 ROM 中程序的起始地址处执行程序，包括初始化程序和用户的 LED 的亮灭程序。LED 闪烁实验现象和外部按键控制 LED 的亮灭的实验现象分别如图 17.10 与图 17.11 所示。

图 17.10　LED 闪烁实验现象

图 17.11　外部按键控制 LED 的亮灭的实验现象

17.6　小结

本章在寄存器层面介绍了 AVR 单片机数字 I/O 口的应用实例，通过配置 I/O 寄存器实现了控制 LED 的闪烁和通过外部按键实现控制 LED 的亮灭这两个功能。AVR 单片机的每组 I/O

口都有 3 个相关的寄存器，分别是 DDRx、PORTx 及 PINx。DDRx 是数据方向控制寄存器，用来控制 I/O 口的输入/输出方向；PORTx 是端口的数据寄存器；PINx 是输入引脚寄存器。此外，还介绍了推挽输出电路的结构与功能和 I/O 口第二功能的相关内容。

前面用 Arduino 实现了 LED 的闪烁功能，是通过调用 I/O 口库函数来实现的。本章用寄存器来配置 I/O 口，在 AVR 单片机上实现了同样的功能。事实上，AVR 正是 Arduino 用的单片机，因此，I/O 库函数的功能也是通过操作寄存器来实现的。

第18章

AVR 单片机的中断和定时器系统

前面的章节介绍了中断系统的基本原理和相关概念，中断系统使得单片机可以更好地利用有限的系统资源提高系统的响应速度和运行效率，在寄存器层面可以更灵活地控制中断系统。定时器/计数器可以实现比较精确的定时和计数功能。本章在寄存器层面介绍如何操控中断系统，以及如何使用定时器完成周期性任务的设置。

本章实现功能：

1．通过外部中断控制 LED。
2．通过单片机定时器控制一个 LED 以 1s 为间隔闪烁。

18.1 中断系统概述

18.1.1 中断向量表

当发生中断时，CPU 需要跳转到相应的中断处理程序处处理中断请求。中断向量就是一个用于指示中断处理程序位置的值或地址。当中断事件发生时，中断向量的值将被用作索引，以找到中断向量表中相应中断处理程序的地址。这个表存储了所有可能发生的中断事件的中断处理程序的地址。ATmega328 中总共有 26 个中断源，其中断向量表如表 18.1 所示。

表 18.1　ATmega328 的中断向量表

中断向量号	程序地址	中断源	中断定义
1	0x0000	RESET	外部电平复位，上电复位，掉电检测复位，看门狗复位
2	0x0002	INT0	外部中断请求 0
3	0x0004	INT1	外部中断请求 1
4	0x0006	PCINT0	引脚电平变化中断请求 0
5	0x0008	PCINT1	引脚电平变化中断请求 1
⋮	⋮	⋮	⋮
26	0x0032	SPM READY	保存程序存储器就绪

18.1.2 中断优先级

在 AVR 单片机中，中断向量号越小，中断源的优先级越高。例如，在 ATmega328 中，外部电平复位的优先级最高。

18.1.3 中断触发条件

当中断触发时，对应的中断标志寄存器即置 1。但就算有了中断标志，也不一定能够触发中断，因为单片机是通过中断使能寄存器来控制是否采用中断模式的。中断使能寄存器包括两级使能，只有这两个寄存器全部置 1 时，中断才能被处理。

具体的中断触发过程如图 18.1 所示。当触发中断条件时，中断标志寄存器置 1，CPU 会先处理高优先级的中断。如果全局中断和本次中断发生的使能置 1，则程序计数器（PC）会按照中断向量表中的地址跳转至中断处理程序。

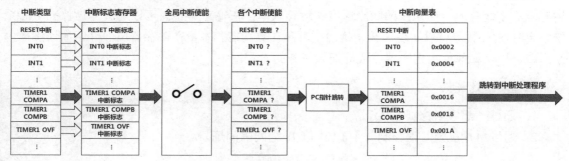

图 18.1　具体的中断触发过程

18.1.4 外部中断

外部中断通常由外设、输入/输出操作或其他硬件事件引起。当外部事件发生时，它可以发送一个信号给 CPU，请求 CPU 中断当前执行的任务，以处理新的事件。外部中断触发类型包括上升沿、下降沿和电平触发。当引脚满足设置的触发条件后，外部中断寄存器便会发出中断请求。

18.2　中断控制寄存器

18.2.1 全局中断控制

控制全局中断的开关为 SERG（状态寄存器）的第 7 位，必须设置全局中断使能位才能使能中断。每个单独的中断使能控制是在单独的控制寄存器中执行的。如果清除全局中断使能寄存器，则不会启用任何中断。SERG 的汇编指令 SEI 和 CLI 分别可以打开与关闭全局中断。

18.2.2 外部中断控制寄存器

控制外部中断的寄存器有 EICRA、EIMSK、EIFR、PCIFR、PCMSK0、PCMSK1 和

PCMSK2。

EICRA 的第 1、2 位和 3、4 位分别表示外部中断 0 与外部中断 1 的触发方式，如表 18.2 所示。

表 18.2   外部中断触发方式

高位	低位	中断定义
0	0	低电平触发
0	1	任意电平变化触发
1	0	下降沿触发
1	1	上升沿触发

EIMSK 的第 1、2 位分别表示外部中断 0 与外部中断 1 使能，在打开全局中断后，需要打开此中断使能，只有这样，外部中断才能工作。

EIFR 和 PCIFR 是中断触发的标志位，当中断发生时，对应标志位会被置 1；当中断处理完成后，会将标志位复位。EIFR 的第 1、2 位分别标志外部中断 0 与外部中断 1 是否触发。PCIFR 的第 1~3 位分别表示 23~16、14~8、7~0 引脚是否触发中断。

PCMSK0、PCMSK1 和 PCMSK2 分别表示 0~7、8~14、16~23 引脚是否使能外部中断。以 PCMSK0 为例，从低位到高位分别表示引脚 0~7，将表示引脚的标志位置 0 会关闭该引脚的外部中断功能，此时，无论引脚电平如何变化，都不会触发中断。

18.3   定时器的工作原理

定时器就像手机里的闹钟，其工作原理就是计数，满足某些条件时，就给一个信号，表示时间到了。定时器可用于外部事件的检测、定时或延时控制等，并通过中断触发执行相应的中断处理程序。8~17 号中断向量的中断源就是来自定时器中断（见表 18.3）。AVR 单片机有3 个定时器，分别为 2 个 8 位带 PWM 功能的定时器和 1 个 16 位定时器。

表 18.3   AVR 单片机定时器中断源

中断源	入口地址	中断向量号
定时器/计数器 2 比较匹配 A	0x000E	8
定时器/计数器 2 比较匹配 B	0x0010	9
定时器/计数器 2 溢出	0x0012	10
定时器/计数器 1 事件捕捉	0x0014	11
定时器/计数器 1 比较匹配 A	0x0016	12
⋮	⋮	⋮
定时器/计数器 0 溢出	0x0020	17

AVR 单片机支持的定时器的工作模式有 4 种，包括普通模式、比较匹配清零（CTC）模式、快速 PWM 模式、修正 PWM 模式。计数器的值存储在寄存器 TCNT 中。在普通模式下，TCNT 的每个时钟计数加 1，溢出时产生输出信号，可以手动改变 TCNT 的初始值，从而改变

间隔。在 CTC 模式下，TCNT 的每个时钟计数加 1，设置比较寄存器（OCR）的值，与 OCR 的值匹配时输出信号。这两种工作模式的工作原理如图 18.2 所示。

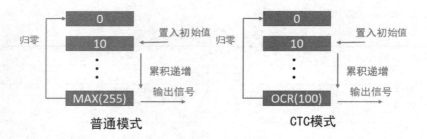

图 18.2　普通模式和 CTC 模式的工作原理

在快速 PWM 模式下，输出模式相当于比较和溢出的结合，TCNT 中计数器的值从 0 累加至 MAX，溢出时归零并输出溢出信号。当其达到 OCR 的值时，将额外波形输出引脚 OC 置位，并不重置 TCNT 中计数器的值。在修正 PWM 模式下，TCNT 中计数器的值先由 0 递增至 MAX，再由 MAX 递减至 0，当计数器的值达到 OCR 的值时，将额外波形输出引脚 OC 置位。两种模式下计数器的值如图 18.3 所示。

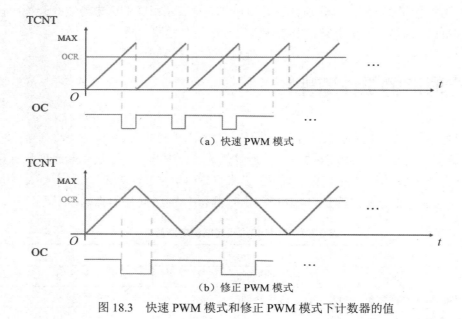

（a）快速 PWM 模式

（b）修正 PWM 模式

图 18.3　快速 PWM 模式和修正 PWM 模式下计数器的值

18.4　定时器控制寄存器

18.4.1　定时器 0/2 控制寄存器

AVR 单位机中的 8 位定时器为定时器 0/2，二者的控制方式是相同的，故了解其中一个的寄存器及其控制方式即可。与定时器 0 相关的寄存器有 7 个，其控制过程如图 18.4 所示。

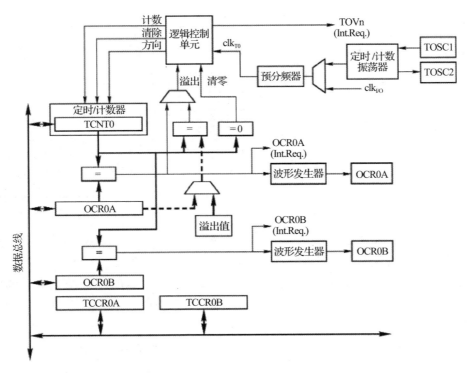

图 18.4　定时器 0 的控制过程

与定时器有关的寄存器分别是定时器 0 控制寄存器 A/B（TCCR0A/B）、定时器 0 计数寄存器（TCNT0）、定时器 0 输出比较寄存器 A/B（OCR0A/B）、定时器 0 中断屏蔽寄存器（TIMSK0）和定时器 0 中断标志寄存器（TIFR0）。

TCCR0A 的高 4 位用于设置比较匹配输出的 A 模式和 B 模式。TCCR0A 的第 1 位 WGM00和第 2 位 WGM01，以及 TCCR0B 的第 4 位 WGM02 用于设置定时器的工作模式，如表 18.4所示。

表 18.4　不同的工作模式

WGM02	WGM01	WGM00	工作模式
0	0	0	普通模式
0	0	1	修正 PWM 模式
0	1	0	CTC 模式
0	1	1	快速 PWM 模式
1	0	0	—
1	0	1	修正 PWM 模式
1	1	0	—
1	1	1	快速 PWM 模式

TCCR0B 的第 1～3 位表示时钟源，各位的值和时钟源的关系如表 18.5 所示。此外，在TCCR0B 中，还可以设置强制输出比较功能。

表 18.5　定时器时钟源

第 3 位	第 2 位	第 1 位	时钟源
0	0	0	无时钟，定时器 0 不工作
0	0	1	定时器 0 的时钟为系统时钟
0	1	0	定时器 0 的时钟为系统时钟的 1/8
0	1	1	定时器 0 的时钟为系统时钟的 1/64
1	0	0	定时器 0 的时钟为系统时钟的 1/256
1	0	1	定时器 0 的时钟为系统时钟的 1/1024
1	1	0	时钟由定时器 0 的引脚输入，下降沿触发
1	1	1	时钟由定时器 0 的引脚输入，上升沿触发

TCNT0 用于保存当前时刻计数器的值，当计数器的值超过 OCR0A/B 中的值时，便会触发对应的匹配事件，如在快速 PWM 模式下，会触发输出的反转。OCR0A/B 有独立的中断向量，在各个中断事件发生时，可以触发各种中断。

以 CTC 模式为例，Arduino UNO 中使用的晶振频率为 16MHz，即系统时钟的频率为 16MHz，在 TCCR0A 中设置时钟源为系统时钟的 1/8，设置时间为 y（μs），那么需要设置的 OCR0A 的值如下：

```
OCR0A = y*(16/8)-1
```

因为定时器 0 为 8 位定时器，所以 OCR0A 的最大值为 255，当时钟源为系统时钟的 1/8 时，设置的最长时间为 128μs。如果使用系统时钟作为时钟源，那么 8 位定时器可以设置的最长时间为 16.384 ms。如果需要设置更长的时间，则需要使用 16 位定时器或外部时钟。

与 EIMSK 相似，TIMSK0 主要用来开启或关闭对应的中断。它有 3 个中断使能，分别为 2 个输出匹配比较中断和 1 个溢出中断，对应的中断位被置位后，就使能对应的中断。其中，第 1～3 位分别为溢出中断、输出比较匹配 A 中断、输出比较匹配 B 中断的使能位。TIFR0 标志是否有对应的中断事件发生。

18.4.2　定时器 1 控制寄存器

定时器 1 为 16 位定时器，其具备输入捕获功能。输入捕获指当输入电平变化时，定时器开始工作，当电平再次变化时，将定时器记录的结果保存起来，常用于测量输入的脉冲时间。

定时器 1 控制寄存器和定时器 0/2 控制寄存器有所不同，其包括 3 个控制寄存器（TCCR1A/B/C）、定时器 1 计数寄存器（TCNT1）、定时器 1 输出比较寄存器 A/B（OCR1A/B）、定时器 1 中断屏蔽寄存器（TIMSK1）、定时器 1 中断标志寄存器（TIFR1）和定时器 1 输入捕获寄存器（ICR1）。定时器 1 的控制原理图如图 18.5 所示。

TCCR1A 和 TCCR0A 的结构相同。相比于 TCCR0B，TCCR1B 的最高两位有所不同，最高位用于标志输入捕获噪声抑制使能，次高位用于标志输入捕获触发沿选择。用于控制强制比较输出的位设置在 TCCR1C 的最高两位。

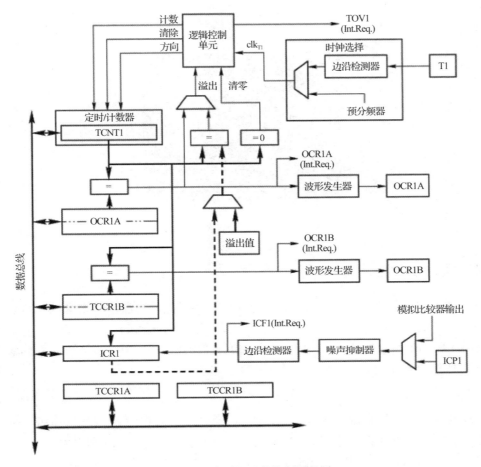

图 18.5　定时器 1 的控制原理图

TCNT1、OCR1A/B、TIMSK1 和 TIFR1 的原理和定时器 0 相应的控制寄存器的原理基本相同，主要的不同在于 ICR1，当外部引脚 ICP1 有输入捕获触发信号产生时，TCNT1 中的值写入 ICR1。

18.5　外部中断实验

18.5.1　系统连接

在本实验中，采用按键电平触发控制 LED 的电平，在按键被按下时，LED 发光；松开按键后，LED 熄灭。

将按键开关的两端分别与 Arduino UNO 的 GND 和数字接口 2 相连。

一个电阻和 LED 串联，将 LED 的正极与 Arduino UNO 的数字接口 13 相连，负极与地相连。

外部中断实验连接示意图如图 18.6 所示。

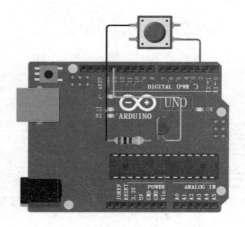

图 18.6　外部中断实验连接示意图

18.5.2　程序设计

在给出本章实例程序之前，需要学习一下中断服务函数的写法，因为这是我们第一次学习编写包含中断的程序。有关中断控制的函数在头文件 avr/interrupt.h 中。在进入中断服务函数后，会将中断向量对应的标志位清零。中断回调函数的名称为 ISR，输入为中断向量名，本实验中使用外部中断 0，因此中断回调函数的写法如下：

```
ISR (INT0_vect){}
```

在初始化程序中，设置数字接口 13 为输出引脚，数字接口 2 为上拉输入引脚。在中断响应函数中点亮 LED，在主函数中熄灭 LED。这样，当按键被按下时，不断触发中断响应函数，LED 点亮；当松开按键时，程序计数器回到主函数，LED 熄灭。完整的源代码如下：

```
#include <avr/io.h>
#include <util/delay.h>
#include <avr/interrupt.h>
int main(){
  cli();
  DDRB = 0xff;//设置数字接口 13 为输出模式
  DDRD = 0x01;//设置数字接口 2 为输入模式
  PORTD = 0x04;//设置数字接口 2 为上拉模式
  EICRA = 0x00;//设置外部中断 0 为低电平触发
  EIMSK = 0X01;//打开外部中断 0
  sei();//打开全局中断
  while(1){
    PORTB = 0;//熄灭 LED
    _delay_ms(20);
  }
}
ISR(INT0_vect){
  PORTB = 1<<5;//点亮 LED
}
```

18.5.3　烧写

搭建完电路后，烧写程序，当按下按键时，观察到 LED 点亮；当松开按键时，观察到 LED 熄灭，如图 18.7 所示。

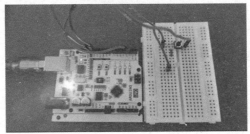

图 18.7　外部中断实现 LED 的亮灭控制

18.6　定时中断实验

18.6.1　系统连接

在本实验中，采用定时器定时触发 LED 的电平反转，实现 LED 闪烁的效果。只需将一个电阻和 LED 串联，将 LED 的正极与 Arduino UNO 的数字接口 13 相连，负极与地相连。定时中断实验连接示意图如图 18.8 所示。

图 18.8　定时中断实验连接示意图

18.6.2　程序设计

在初始化程序中，设置输出引脚，计算定时 1s 时定时器的工作模式和 OCR 的值，打开全局中断使能。因此，在 while(1)中，不需要填写任何语句。完整的源代码如下：

```
#include <avr/io.h>
#include <util/delay.h>
#include <avr/interrupt.h>
int flag = 0;
int main(){
  cli();
  DDRB = 0xff;//设置数字接口13为输出模式
  TCCR1A = 0;//将整个TCCR1A寄存器置0
  TCCR1B = 0;//将整个TCCR1B寄存器置0
  TCNT1  = 0;//将计数器的值初始化为0
  uint32_t ms = 1000;
  ms = 1000 * (16000 / 1024);
  OCR1AH = ((ms-1) & 0xff00) >> 8;// 15625 高位
  OCR1AL = (ms-1) & 0x00ff; // 15625 低位
  TCCR1B |= (1 << WGM12);//打开CTC模式
  TCCR1B |= (1 << CS12) | (1 << CS10);//1024预分频
  TIMSK1 |= (1 << OCIE1A);
  sei();//打开全局中断
  while(1);
}
ISR(TIMER1_COMPA_vect){
  PORTB = flag? 1<<5:0;
  flag=!flag;
}
```

18.6.3　烧写

搭建完电路后，烧写程序，可以观察到 LED 闪烁，闪烁周期为 1s。中断实现 LED 闪烁的实验结果如图 18.9 所示。

 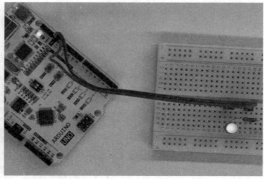

图 18.9　中断实现 LED 闪烁的实验结果

18.7 小结

本章深入探讨了 AVR 单片机的中断机制和定时器系统。中断机制使单片机能够更高效地响应外部事件，提高系统效率。具体介绍了中断向量表、中断优先级和触发条件等核心概念，重点阐述了外部中断和定时器中断的工作原理及相关寄存器的配置方法。通过两个实际案例，展示了如何在实践中应用这些知识。案例涵盖了硬件连接、寄存器配置和中断处理程序的编写等关键步骤。通过中断和定时器可以更灵活地设计响应性强、功能丰富的嵌入式系统。

第 19 章

AVR 单片机串口通信

单片机在调试阶段或在执行一定的工作任务时，免不了要和其他微处理器或计算机进行数据交互与通信。单片机与其他设备之间的通信方式有串行通信和并行通信两种，而串行通信又分为同步串行通信和异步串行通信两种。目前使用最为广泛的单片机通信方式是异步串行通信，即我们常说的串口通信。熟练使用 AVR 单片机进行串口通信有助于调试和查错，是嵌入式工程技术人员必须掌握的一项技能。本章从寄存器层面讲解串口通信在 AVR 单片机中是如何实现的。

本章实现功能：

计算机通过串口助手每次向单片机发送字符 X，单片机收到后返回 I get X。

19.1　AVR 串口相关寄存器介绍

串行接口简称串口，也称串行通信接口（通常指 COM 接口），是采用串行通信方式的扩展接口。串行传输是指数据一位一位地顺序传送，其特点是通信线路简单，只要一对传输线就可以实现双向通信（可以直接利用电话线作为传输线），从而大大降低了成本，适用于远距离通信，但传输速度较慢。在第 5 章中，学习了 Arduino 的串口相关知识，有关串口通信的工作原理详见第 5 章，这里不再赘述。

AVR 单片机通过 USART（Universal Synchronous Asynchronous Receiver Transmitter）模块实现串口通信。AVR 单片机串口相关寄存器如表 19.1 所示，

表 19.1　AVR 单片机串口相关寄存器

RXB[7:0]								UDRn（Read）
TXB[7:0]								UDRn（Write）
RXCn	TXCn	UDREn	FEn	DORn	PEn	U2Xn	MPCMn	UCSRnA
RXCIEn	TXCIEn	UDRIEn	RXENn	TXENn	UCSZn2	RXB8n	TXB8n	UCSRnB
URSELn1	UMSELn0	UPMn1	UPMn0	USBSn	UCSZn1	UCSZn0	UCPOLn	UCSRnC
URSELn	—	—	—	UBRRn[11:0]				UBRRnH
UBRRn[7:0]								UBRRnL

AVR 单片机串口涉及 6 个寄存器，具体介绍如下。

（1）波特率寄存器 UBRRnH 和 UBRRnL：用于设置波特率的寄存器。波特率是串口通信中一个重要的参数，通过设置这两个寄存器来配置通信速率。

（2）控制和状态寄存器 UCSRnA：包含第 n 个 USART 的状态和控制位。其中，UDREn 位用于指示发送缓冲区是否为空，RXCn 位用于指示接收缓冲区是否有新的数据可供读取。该寄存器控制异步通信波特率增速，使能多机通信。

（3）控制和状态寄存器 UCSRnB：包含第 n 个 USART 的控制位，用于启用/禁用发送和接收功能，以及配置数据帧格式。其中，TXENn 位用于启用发送功能，RXENn 位用于启用接收功能。

（4）控制和状态寄存器 UCSRnC：包含第 n 个 USART 的控制位，用于配置数据帧格式，主要是 UCSZn0、UCSZn1、USBSn 位，分别用于设置数据位数和停止位数。

（5）数据寄存器 UDRn：用于对第 n 个 USART 中传输的数据进行存储。发送数据时将要发送的字节写入该寄存器，接收数据时从该寄存器读取接收的字节。RXB 是接收数据寄存器，TXB 是发送数据寄存器。

图 19.1 所示为 AVR 单片机串口结构图。

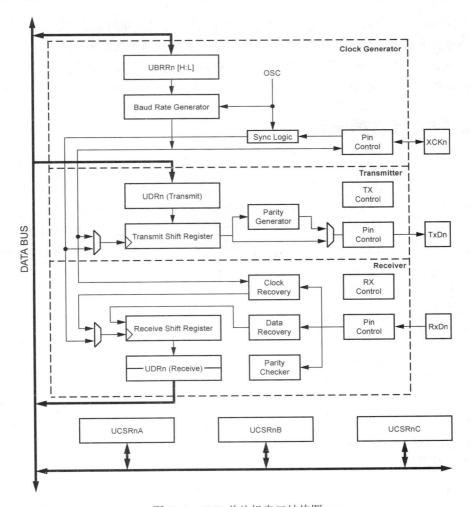

图 19.1　AVR 单片机串口结构图

19.2 AVR 串口相关寄存器各位的功能和配置

19.2.1 串口寄存器各位的功能

要想正常实现串口通信，需要对 6 个寄存器进行一定的配置。6 个寄存器各位的功能介绍如下。

（1）UBRRnH 和 UBRRnL：写入合适的值以配置 USART 通信波特率。AVR 单片机的 USART 通信波特率由以下公式确定：

$$\text{BaudRate} = \frac{F_{\text{CPU}}}{16 \times (\text{UBRR} + 1)}$$

（2）UCSRnA：UDREn 位用于指示发送缓冲区是否为空，是否可以写入新的数据；TXCn 位用于指示数据发送完毕，当发送器完成发送时置位。

（3）UCSRnB 寄存器：TXENn 位用于启用发送功能。RXENn 位用于启用接收功能，UDRIEn 位用于启用数据寄存器空中断。

（4）UCSRnC 寄存器：UCSZn0、UCSZn1 位用于设置数据帧的大小（数据位数），USBSn 位用于设置停止位数，UMSELn0 和 UMSELn1 位用于选择同步或异步模式。

（5）UDRn 寄存器：用于读/写串口数据的寄存器。TXB 用于写入数据以发送到串口，RXB 用于读取数据以获取串口接收的数据。

19.2.2 串口寄存器配置

串口在发送和接收数据时，寄存器该如何配置呢？

串口在工作时，由 URSELn1 和 UMSELn0 这两位设置其工作模式，00 为异步串行通信模式；由 UCSZn2～UCSZn0 这 3 位设置字长，011 为 8 位；由 UMPn1 和 UMPn0 这两位设置校验模式，00 为无校验，10 为偶校验，11 为奇校验；由 UBRRn11～UBRRn0 这 12 位设置波特率，波特率=晶振频率/16/UBRRn[11:0]。例如，在 16MHz 频率下，000001100111 为 9600Baud。设置 RXENn 接收使能，设置 TXENn 发送使能。

通过上面的串口寄存器配置，就完成串口工作模式的设置。

下面看一下串口是如何发送数据的。

前面已经设置了波特率等参数。设置工作模式：时钟 16MHz，波特率 9600Baud，8 位数据位，1 位停止位，无校验位，发送使能，TXEN 为 1。

发送时，需要查看 UCSRnA 寄存器空闲位 UDRE 是否置位，若置位，即 UDRE 为 1，则允许发送。此时，将需要发送的数据写入 TXB。AVR 单片机的 USART 控制器控制将写入寄存器的数据按照刚才设置的模式发送出去。在发送过程中，UDRE 为 0；发送结束后，TXB 空闲。串口数据发送示意图如图 19.2 所示。

接下来介绍接收。

首先接收使能，然后查看是否收到数据，通过查看接收完成标志来判断是否收到数据。

当串口收到数据时，RXCn 位自动置 1，即此时只需查看 RXCn 寄存器是否为 1 即可，若为 1，则说明收到数据了，可从串口数据寄存器中读出数据。数据读出后，USART 控制器会自动清除 RXCn 标志。串口数据接收示意图如图 19.3 所示。

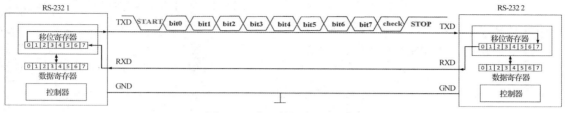

图 19.2 串口数据发送示意图

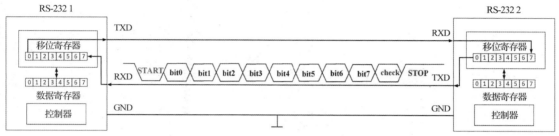

图 19.3 串口数据接收示意图

这就是 AVR 单片机进行串口通信的工作流程：设置串口的参数和模式，当数据寄存器空闲时可以发送数据，TXCn 位置 1；接收标志有效时可读取数据，读取接收寄存器即可。在编程时，只需写出寄存器的名称即可控制相应寄存器。

19.3 流程图

19.3.1 串口数据发送操作

（1）根据要求的波特率和波特率计算公式计算 UBRRn 的值。

（2）通过配置 UCSRnB 和 UCSRnC 位来启用发送功能，并设置数据帧的大小和停止位数，选择通信模式。

（3）发送数据，利用 UDR0 寄存器将数据发送到串口。在发送前，需要等待发送缓冲区为空。

（4）利用查询或中断的方式检测单片机是否将数据发送完毕，以便进行下一步操作。其中 TXC0 标志位用于判断是否完成数据发送。

19.3.2 串口数据接收操作

（1）设置波特率：先确定所需的波特率，然后计算并设置 UBRRn 寄存器的值。这决定了串口通信速率。

（2）通过配置 UCSRnB 和 UCSRnC 寄存器来启用接收器，设置数据帧的大小和停止位数，选择通信模式。

（3）接收数据：利用 UDR0 寄存器从串口接收数据。在接收之前，需要等待接收缓冲区中有新的数据。

（4）利用查询或中断的方式检测单片机是否完成数据接收工作，以便进行下一步操作。使用 RXC0 标志位来检查是否有新的数据到达。

图 19.4 所示为串口发送/接收数据流程图。

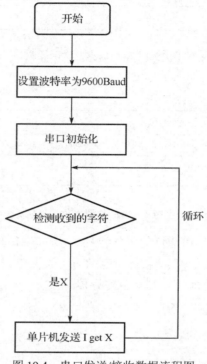

图 19.4　串口发送/接收数据流程图

19.4　程序设计

计算机通过串口助手每次向单片机发送字符 X，单片机收到之后返回 I get X。串口波特率设为 9600Baud，帧格式设置为 8 位数据位、1 位停止位。采用查询方式进行发送和接收，程序代码如下：

```
#include <avr/io.h>
#include <util/delay.h>

#define F_CPU 16000000UL  // MCU 的时钟频率，这里假设为 16MHz
#define USART_BAUDRATE 9600
#define BAUD_PRESCALE ((F_CPU / (USART_BAUDRATE * 16UL)) - 1)//预分频

void USART_Init() {
    UBRR0H = (BAUD_PRESCALE >> 8);
    UBRR0L = BAUD_PRESCALE;
```

```
    UCSR0B |= (1 << RXEN0) | (1 << TXEN0);     // 启用接收和发送功能
    UCSR0C |= (1 << UCSZ00) | (1 << UCSZ01); // 设置帧格式：8 位数据位，1 位停止位
}

void USART_TransmitChar(unsigned char data) {
    while (!(UCSR0A & (1 << UDRE0))); // 等待数据缓冲区为空
    UDR0 = data; // 将数据放入发送缓冲区
}

unsigned char USART_ReceiveChar() {
    while (!(UCSR0A & (1 << RXC0))); // 等待接收完毕
    return UDR0; // 读取收到的数据
}

int main() {
    char receivedChar;

    USART_Init();

    while (1) {
        receivedChar = USART_ReceiveChar(); // 接收字符

        if (receivedChar == 'X') {
            USART_TransmitChar('I');
            USART_TransmitChar(' ');
            USART_TransmitChar('g');
            USART_TransmitChar('e');
            USART_TransmitChar('t');
            USART_TransmitChar(' ');
            USART_TransmitChar('X');
            USART_TransmitChar('\n'); // 换行
        }

        _delay_ms(100); // 延时 100ms
    }

    return 0;
}
```

19.5　烧写

将上述程序烧写到 AVR 单片机中并运行后打开串口助手，选择与单片机相连的串口号，设置与程序一致的波特率（9600Baud）。打开串口后，在发送数据框中输入字符 X，单击"发送"按钮。

可以看到，每单击一次"发送"按钮，接收数据框中就能收到数据。选择"文本模式"或

"字符格式"显示就可以看到收到的字符为 I get X，如图 19.5 所示。

图 19.5　串口工作现象

19.6　小结

本章介绍了 AVR 单片机串口通信，重点介绍了与串口工作相关的 6 个寄存器，分别是 UBRRnH、UBRRnL、UCSRnA、UCSRnB、UCSRnC、UDRn，还介绍了 AVR 单片机串口波特率的计算和设置。

本章最后给出了串口通信实例程序代码，并通过串口助手对程序进行调试，观察结果，实现了计算机通过串口助手每次向单片机发送字符 X，单片机收到后返回 I get X 的功能。

在前面的章节中，我们在 Arduino 上进行串口通信是通过调用 Serial 库函数来完成的。本章在 AVR 单片机上实现了串口通信，是通过寄存器设置串口来完成的。

第 20 章

AVR 单片机独立按键、
矩阵键盘、数码管

在第 6、7 章中，已经详细介绍了独立按键识别、矩阵键盘，以及数码管的基本工作原理。本章介绍基于 AVR 单片机的独立按键点亮 LED，以及矩阵键盘控制和数码管静态、动态显示的内容。

本章实现功能：

1. AVR 单片机独立按键控制一个 LED 的亮灭。
2. AVR 单片机 4×4 矩阵键盘按键识别。
3. 数码管静态显示：让一位数码管依次显示数字 0～9。
4. 数码管动态显示：让两位数码管分别显示数字 2 和 3。

20.1 独立按键、矩阵键盘、数码管

独立按键、矩阵键盘和数码管的具体原理与第 6、7 章介绍的一致，这里不再赘述。

20.2 I/O 寄存器控制

AVR 单片机通过 PA、PB、PC、PD 四个寄存器完成对 I/O 口的控制，它们是双向的 I/O 口，既能输出又能输入，既支持段寻址又支持位寻址。通过控制 AVR 单片机的 I/O 口可读入高、低电平，以此来实现对按键的判断；通过控制 AVR 单片机的 I/O 口输出高、低电平，实现对 LED 的亮灭和数码管显示的控制。

20.3 AVR 单片机控制独立按键点亮 LED

20.3.1 系统连接

本实验的系统连接图与第 6 章中的 Arduino UNO 独立按键控制一个 LED 的亮灭的系统

连接图一致。LED 连接 Arduino UNO 的数字接口 2，按键的 3 个引脚分别连接 Arduino UNO 的数字接口 12、DC 5V 及下拉电阻接地端。

20.3.2 流程图

连接好系统电路后，流程图如图 20.1 所示。在循环中，判断按键引脚是否为高电平，若为高电平，则延时 10ms 后再次判断，延时不仅可以实现按键消抖，还可以确定按键的确被按下。若按键引脚仍为高电平，则点亮 LED，延时 10ms 后熄灭。

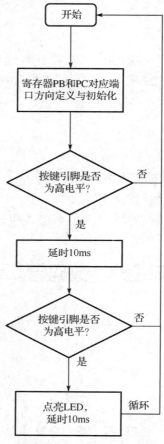

图 20.1　AVR 单片机独立按键控制 LED 的亮灭流程图

20.3.3 程序设计

根据流程图，下面给出 AVR 单片机独立按键控制 LED 的亮灭的程序代码：

```
#include <avr/io.h>
#include <util/delay.h>
void main()
{
  // 设置 PB4（Arduino UNO 的数字接口 12）为输入模式
  DDRB &= ~(1 << DDB4);  // 清零对应的位，即设置为输入模式
```

```
// 设置PB1（Arduino UNO 的数字接口2）为输出模式
DDRD |= (1 << DDD2);  // 将对应的位设置为1，即设置为输出模式
while (1)
{
  if (PINB & (1 << PINB4))
  {
    _delay_ms(10);
    if (PINB & (1 << PINB4))
    {
      PORTD |= (1 << PD2);
      _delay_ms(10);
      PORTD &= ~(1 << PD2);
    }
  }
}
}
```

20.3.4　烧写

将上述程序烧写到 Arduino UNO 中并运行，当按键被按下一次时，可以观察到 LED 闪烁一次，实现了利用独立按键控制 LED 的亮灭，AVR 单片机独立按键控制 LED 的亮灭的现象如图 20.2 所示。

图 20.2　AVR 单片机独立按键控制 LED 的亮灭的现象

20.4　AVR 单片机矩阵键盘功能实现

利用 Arduino UNO 的 AVR 单片机和矩阵键盘，采用列扫描法实现矩阵按键识别，并将结果通过串口输出。

20.4.1　系统连接

矩阵键盘的 4 行对应 AVR 单片机的寄存器 PB2～PB5，对应 Arduino UNO 的数字接口 9～12；矩阵键盘的 4 列对应 AVR 单片机的寄存器 PC2～PC5，对应 Arduino UNO 的模拟接

口 A2～A5。AVR 单片机矩阵键盘按键识别连接图如图 20.3 所示。

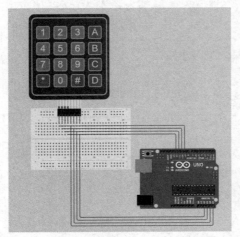

图 20.3　AVR 单片机矩阵键盘按键识别连接图

20.4.2　流程图

连接好系统电路后，首先对寄存器 PB 和 PC 进行初始化，设置矩阵键盘各行为输入，通过列扫描法，令矩阵键盘各列依次输出低电平，检测是否有行对应端口输出低电平，若有，则说明该行有按键被按下，并利用串口输出被按下的按键，循环扫描。程序流程图如图 20.4 所示。

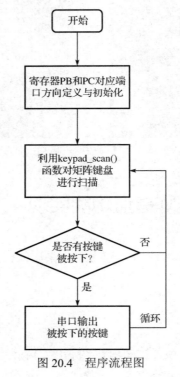

图 20.4　程序流程图

20.4.3　程序设计

根据流程图,利用 Arduino UNO 的 AVR 单片机,采用矩阵键盘列扫描法对按键进行检测,并将被按下的按键通过串口输出,程序代码如下:

```c
#include <avr/io.h>
#include <util/delay.h>

// 定义矩阵键盘的行数和列数
#define ROWS 4
#define COLS 4
#define F_CPU 16000000UL  // MCU 的时钟频率,这里假设为 16MHz
#define USART_BAUDRATE 9600
#define BAUD_PRESCALE ((F_CPU / (USART_BAUDRATE * 16UL)) - 1)//预分频

// 函数声明
char keypad_scan();
void USART_Init();
void USART_TransmitChar(unsigned char);
void main()
{
  DDRB |= (0 << PB1) | (0 << PB2) | (0 << PB3) | (0 << PB4);
  //行设置输入
  // AVR 单片机与 Arduino UNO 对应:PB4-12、PB3-11、PB2-10、PB1-9
  // 矩阵键盘与 Arduino UNO 对应:R1-9、R2-10、R3-11、R4-12
  // 行从 PB2 到 PB5,对应 Arduino UNO 的数字接口 9~12
  PORTB |= (1 << PB1) | (1 << PB2) | (1 << PB3) | (1 << PB4);
  DDRC |= (1 << PC2) | (1 << PC3) | (1 << PC4) | (1 << PC5);
  // 列设置输出
  // 改过的 Arduino UNO, PB5 对应 PINB,恒为 1,不可用
  // AVR 单片机与 Arduino UNO 对应:PC2-A2、PC3-A3、PC4-A4、PC5-A5
  // 矩阵键盘与 Arduino UNO 对应:C1-A5、C2-A4、C3-A3、C4-A2
  // 列从 PC2 到 PC5,对应 Arduino UNO 的模拟接口 A2~A5
  while(1)
  {
    char key = keypad_scan();  // 扫描键盘
    if (key != '\0') // 检测到按键被按下
    {
      USART_TransmitChar(key);
    }
  }
}

char keypad_scan() // 矩阵键盘扫描函数
{
  char keys[ROWS][COLS] =
```

```
{
  { '1', '2', '3', 'A' },
  { '4', '5', '6', 'B' },
  { '7', '8', '9', 'C' },
  { '*', '0', '#', 'D' }
};
// 行扫描
for (int i = 0; i < ROWS; ++i)
{
  PORTC = 0b00111100 ^ (1 << (i + 2));
  // 列检测
  for (int j = 1; j < COLS + 1; ++j)
  {
    unsigned int PINB_process = PINB & 0b11111;  //仅取到 PB4
    if (!(PINB_process & (1 << j))) // 按键被按下
    {
      _delay_ms(20); // 延时消抖
      while (!(PINB & 0b11111 & (1 << j))); // 只输出一次
      return keys[j - 1][3 - i]; // 返回对应的键值
    }
  }
}
return '\0'; // 没有按键被按下
}

void USART_Init()
{
  UBRR0H = (BAUD_PRESCALE >> 8);
  UBRR0L = BAUD_PRESCALE;
  UCSR0B |= (1 << RXEN0) | (1 << TXEN0);      // 启用接收和发送功能
  UCSR0C |= (1 << UCSZ00) | (1 << UCSZ01);   // 设置帧格式：8 位数据位，1 位停止位
}

void USART_TransmitChar(unsigned char data)
{
  while (!(UCSR0A & (1 << UDRE0)));              // 等待发送缓冲区为空
  UDR0 = data;  // 将数据放入发送缓冲区
}
```

20.4.4　烧写

　　将系统连接好，如图 20.5 所示，将上述程序烧写到 Arduino UNO 中并运行，依次按下矩阵键盘的 "8" "4" "9" "B" 按键，串口监视器显示被按下的按键，如图 20.6 所示。

图 20.5　AVR 单片机矩阵键盘按键识别系统连接实物图

图 20.6　串口监视器显示被按下的按键

20.5　AVR 数码管静态显示

令单个数码管循环显示数字 0~9，数码管采用共阴极接法。

20.5.1　系统连接

设置 AVR 单片机的 PB1~PB4 和 PC2~PC5 寄存器为输出模式，分别对应晶体管的 8 个引脚。根据 Arduino UNO 与 AVR 单片机的端口对应关系，将数码管的 a、b、c、dp 引脚分别连接 Arduino UNO 的模拟接口 A5~A2，数码管的 d、e、g、f 引脚分别连接 Arduino UNO 的数字接口 12~9，数码管公共端接地，如图 20.7 所示。

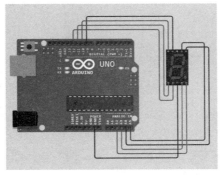

图 20.7　系统连接示意图

20.5.2　流程图

首先对 AVR 单片机的寄存器 PB 和 PC 对应端口进行初始化，然后让数码管依次显示 0～9，数字确定后，查表，将对应端口置高电平，点亮数码管对应的 LED，若输出到 9，则再次从 0 开始显示，无限循环，如图 20.8 所示。

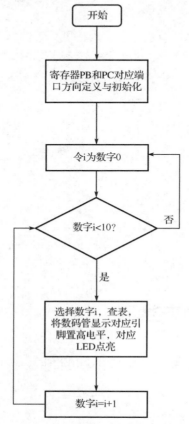

图 20.8　AVR 单片机数码管静态显示流程图

20.5.3　程序设计

根据流程图，利用 Arduino UNO 的 AVR 单片机控制单个数码管依次静态显示数字 0～9的程序代码如下：

```
// 控制共阴极数码管显示数字 0～9
// 以 3161AS 数码管为例
#include <avr/io.h>
#include <util/delay.h>
void main()
{
  DDRB |= (1 << PB1) | (1 << PB2) | (1 << PB3) | (1 << PB4);
  // 对应数码管左侧引脚
  // AVR 单片机与 Arduino UNO 对应: PB4-12、PB3-11、PB2-10、PB1-9
```

```
// 行从 PB2 到 PB5，对应 Arduino UNO 的数字接口 9～12
// f-9、g-10、e-11、d-12
DDRC |= (1 << PC2) | (1 << PC3) | (1 << PC4) | (1 << PC5);
// 对应数码管右侧引脚
// 改过的 Arduino UNO，PB5 对应 PINB 恒为 1，不可用
// AVR 单片机与 Arduino UNO 对应：PC2-A2、PC3-A3、PC4-A4、PC5-A5
// 数码管与 Arduino UNO 对应：a-A5、b-A4、c-A3、dp-A2
unsigned char num_table_PB[10] = { 0x1A, 0x00, 0x1C, 0x14, 0x06, 0x16, 0x1E,
0x00, 0x1E, 0x16 };
unsigned char num_table_PC[10] = { 0x38, 0x18, 0x30, 0x38, 0x18, 0x28, 0x28,
0x38, 0x38, 0x38 };
while(1)
{
  for (int i = 0; i < 10; i++)   //循环显示数字 0～9
  {
    PORTB = num_table_PB[i];
    PORTC = num_table_PC[i];
    _delay_ms(200);
  }
}
}
```

20.5.4　烧写

将上述程序烧写到 AVR 单片机中并运行，可观察到单个数码管显示数字 4，如图 20.9 所示。

图 20.9　AVR 单片机数码管静态显示实验现象

20.6　AVR 数码管动态显示

令两个数码管动态显示数字 2 和 3。

20.6.1　系统连接

将两个数码管的 8 段同名端分别接在一起，根据 Arduino UNO 与 AVR 单片机端口的对

应关系，将数码管的 a、b、c、dp 引脚分别连接 Arduino UNO 的模拟接口 A5～A2，数码管的 d、e、g、f 引脚分别连接 Arduino UNO 的数字接口 12～9，数码管公共端接地，如图 20.10 所示。

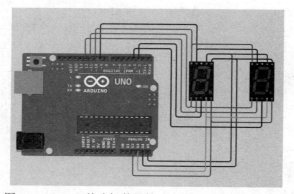

图 20.10　AVR 单片机数码管动态显示系统连接示意图

20.6.2　流程图

AVR 单片机的寄存器定义与初始化后，利用动态显示原理，先令第一位数码管显示数字 2，延时 2ms；再令第二位数码管显示数字 3，延时 2ms。不断循环此过程即可实现动态显示，如图 20.11 所示。

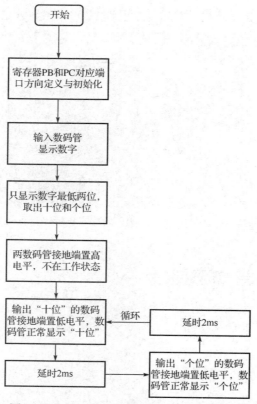

图 20.11　AVR 单片机数码管动态显示流程图

20.6.3　程序设计

利用 Arduino UNO 的 AVR 单片机控制两个数码管动态显示，两个数码管分别显示数字 2
和 3，程序代码如下：

```c
#include <avr/io.h>
#include <util/delay.h>
void main()
{
  DDRB |= (1 << PB1) | (1 << PB2) | (1 << PB3) | (1 << PB4);
  // 对应数码管左侧引脚
  // AVR 单片机与 Arduino 对应：PB4-12、PB3-11、PB2-10、PB1-9
  // 行从 PB2 到 PB5，对应 Arduino UNO 的数字接口 9～12
  // f-9、g-10、e-11、d-12
  DDRC |= (1 << PC2) | (1 << PC3) | (1 << PC4) | (1 << PC5);
  // 对应数码管右侧引脚
  // 改过的 Arduino UNO，PB5 对应 PINB，恒为 1，不可用
  // AVR 单片机与 Arduino UNO 对应：PC2-A2、PC3-A3、PC4-A4、PC5-A5
  // 数码管与 Ardunio UNO 对应：a-A5、b-A4、c-A3、dp-A2
  DDRD |= (1 << PD2) | (1 << PD3);
  PORTD |= (1 << PD2) | (1 << PD3);
  // 对应数码管接地端，通过控制接地端的电平来控制哪个数码管显示
  unsigned char num_table_PB[10] = { 0x1A, 0x00, 0x1C, 0x14, 0x06, 0x16, 0x1E,
0x00, 0x1E, 0x16 };
  unsigned char num_table_PC[10] = { 0x38, 0x18, 0x30, 0x38, 0x18, 0x28, 0x28,
0x38, 0x38, 0x38 };
  while (1) {
    dynamic_digit_show(23);
  }
}
void dynamic_digit_show(unsigned int num_show)
{
  unsigned int unit_digit = num_show % 10;
  unsigned int decade_digit = num_show / 10;
  for (int i = 0; i < 2; i++)
  {
    PORTD &= (0 << PD2); // 十位数码管接地端为低电平，正常工作
    PORTD |= (1 << PD3); // 个位数码管接地端为高电平，不工作
    PORTB = num_table_PB[decade_digit];
    PORTC = num_table_PC[decade_digit];
    _delay_ms(2);
    PORTD &= (0 << PD3); // 个位数码管接地端为低电平，正常工作
    PORTD |= (1 << PD2); // 十位数码管接地端为高电平，不工作
    PORTB = num_table_PB[unit_digit];
    PORTC = num_table_PC[unit_digit];
    _delay_ms(2);
  }
}
```

20.6.4 烧写

将上述程序烧写到 AVR 单片机中并运行，可观察到两个数码管分别稳定地显示数字 2 和 3，如图 20.12 所示。

图 20.12　AVR 单片机数码管动态显示实验现象

20.7　小结

本章介绍了 Arduino UNO 的 AVR 单片机如何利用 I/O 口进行独立按键控制以点亮 LED，矩阵键盘按键识别，以及数码管的静态显示和动态显示。对于原理部分，在第 6、7 章已有详细讲解，因此本章重心放在通过 AVR 单片机寄存器控制 I/O 口上，以此为基础给出了 AVR 单片机独立按键控制 LED 的亮灭、AVR 单片机矩阵键盘按键识别、AVR 单片机数码管的静态显示和动态显示的系统连接图、流程图和程序代码，并给出了实物演示结果。

第 21 章

AVR 单片机模数转换

前面的章节中介绍了使用 Arduino 进行模数转换，本章从寄存器层面实现 AVR 单片机的模数转换。AVR 单片机中包含了内部 ADC，通过配置寄存器的方式可以实现模数转换。在 Arduino 中，使用的模数转换模式一般为单次转换模式，通过配置寄存器可以配置 ADC 工作在自动触发模式。

本章实现功能：

1. 使用寄存器控制 ADC 工作在单次转换模式。
2. 使用寄存器控制 ADC 工作在自动触发模式。

21.1 模数转换原理概述

ATmega328 有一个 10 位的逐次逼近型 ADC。该 ADC 与一个多路选择器连接，能对来自 8 路单端输入端口的电压进行采样。单端输入电压以 0（GND）为基准。内部 ADC 原理框图如图 21.1 所示。

ADC 的 8 个通道通过多路选择器输入至一个采样保持器，对采样保持器中的数据和 10 位 DAC 的输出结果进行比较，通过逐次逼近的方式确定与 DAC 的输出结果最接近的值。此时，DAC 中保存的数据即经过模数转换的值，将此值记录到 ADC 的数据寄存器中，并发出 ADC 转换完成中断，通过读取 ADC 的数据寄存器中的值，即可获取模拟电压值。

使用 ADC 中断标志作为触发源可使 ADC 在完成正在进行的转换后立即启动新的转换。每次转换完成后，ADC 都以自由运行模式运行，不断对其数据寄存器进行采样和更新。

在默认情况下，逐次逼近型电路需要 50～200kHz 的输入时钟频率才能获得最高分辨率。如果需要低于 10 位的分辨率，那么 ADC 的输入时钟频率可以高于 200kHz，以获得更高的采样速率。正常转换需要 13 个 ADC 时钟周期。ADC 导通后的第一次转换需要 25 个 ADC 时钟周期才能初始化模拟电路。在自动触发模式下，转换时间为 13.5 个 ADC 时钟周期。

ADC 的参考电压 VREF 可选择为 AVCC、内置 1.1V 参考或外部 AREF 引脚电压。无论使用哪种参考电压，外部 AREF 引脚都直接连接到 ADC 模块中的 DAC，如果将固定电压源连接到 AREF 引脚，则用户不得使用其他参考电压选项。如果没有外部电压施加到 AREF 引脚，则参考电压可在 AVCC 和内置 1.1V 参考之中选择。切换参考电压后的第一个 ADC 转换结果可能不准确，建议忽略此结果。

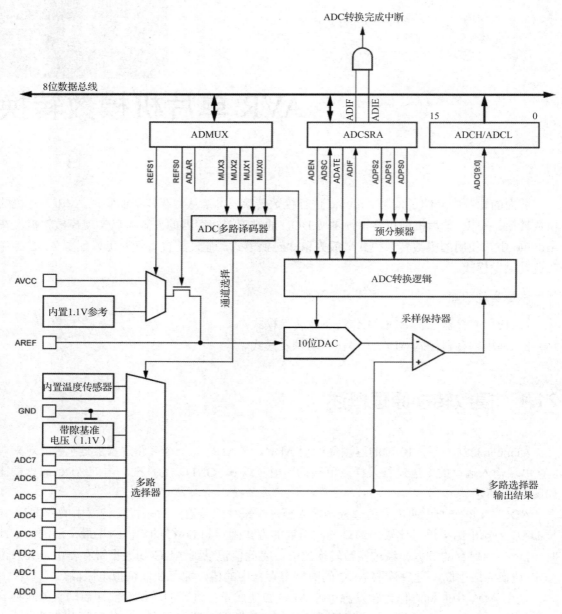

图 21.1　内部 ADC 原理框图

21.2　相关设置寄存器

与对 AVR 单片机的 ADC 进行设置有关的寄存器有 6 个，分别是 ADC 多路选择器（ADMUX）、ADC 控制和状态寄存器（ADCSRA/ADCSRB）、ADC 数据寄存器（ADCH/ADCL）和数字输入禁止寄存器 0（DIDR0）。

ADMUX 用于选择读取的通道数，ADMUX 的低 4 位控制选择的通道数，如表 21.1 所示。

表 21.1　ADC 可选通道

低 4 位	通　道
0000	ADC0
0001	ADC1
0010	ADC2
0011	ADC3
0100	ADC4
0101	ADC5
0110	ADC6
0111	ADC7
1000	内部温度传感器
1001	保留
1010	保留
1011	保留
1100	保留
1101	保留
1110	1.1V（Vvc）
1111	0（GND）

最高两位控制选择的参考电压，如表 21.2 所示。

表 21.2　参考电压

最高位	次高位	选择参考电压
0	0	外部参考电压
0	1	电源参考电压，需要 AREF 引脚连接外置电容
1	0	保留
1	1	内部 1.1V 参考电压，需要 AREF 引脚连接外置电容

第 6 位设置参考结果的左右对齐方式，此位为 1 时表示左对齐，为 0 时表示右对齐。

ADCSRA 各位的功能和名称如表 21.3 所示。

表 21.3　ADCSRA 各位的功能和名称

D7	D6	D5	D4	D3	D2	D1	D0
ADEN	ADSC	ADATE	ADIF	ADIE	ADPS2	ADPS1	ADPS0

ADEN（D7）：ADC 使能，写入 1 时 ADC 开始工作，写入 0 时 ADC 停止工作。

ADSC（D6）：在单次转换模式下，将此位写入 1 以开始每次转换；在自动触发模式下，将此位写入 1 以启动第一次转换。

ADATE（D5）：写入 1 位时 ADC 的自动触发模式将启用，ADC 将在所选触发信号的上升沿开始转换。

ADIF（D4）：当 ADC 转换完成并更新数据寄存器时，将该位置 1。如果设置了 ADC 中断使能，则会触发 ADC 转换完成中断。

ADIE（D3）：ADC 中断使能，置 1 时，打开 ADC 中断。

ADPS（D2～D0）：ADC 预分频器，其设置与 ADC 时钟分频数如表 21.4 所示。

表 21.4　ADPS 设置与 ADC 时钟分频数

ADPS2	ADPS1	ADPS0	ADC 时钟分频数
0	0	0	2
0	0	1	2
0	1	0	4
0	1	1	8
1	0	0	16
1	0	1	32
1	1	0	64
1	1	1	128

ADCSRB 的低 3 位表示 ADC 自动触发时的触发源，如表 21.5 所示。

表 21.5　ADC 触发源

第 3 位	第 2 位	第 1 位	触发源
0	0	0	自动运行
0	0	1	模拟比较器
0	1	0	外部中断 0
0	1	1	定时器 0 比较匹配 A
1	0	0	定时器 0 溢出
1	0	1	定时器 1 比较匹配 A
1	1	0	定时器 1 溢出
1	1	1	定时器 1 捕获事件

第 6 位为内置模拟比较器的使能，当该位写入 1 且 ADC 关闭（ADCSRA 中的 ADEN 为 0）时，ADC 多路复用器选择模拟比较器的负输入；当该位写入 0 时，AIN1 将应用于模拟比较器，如果使用了 ADC 功能，则不需要考虑此位。

ADCH 和 ADCL 共同保存了 ADC 转换后的结果，左、右对齐时，两个寄存器中保存的数据结果如图 21.2 所示。

15	14	13	12	11	10	9	8	
–	–	–	–	–	–	ADC9	ADC8	ADCH
ADC7	ADC6	ADC5	ADC4	ADC3	ADC2	ADC1	ADC0	ADCL
7	6	5	4	3	2	1	0	

右对齐

15	14	13	12	11	10	9	8	
ADC9	ADC8	ADC7	ADC6	ADC5	ADC4	ADC3	ADC2	ADCH
ADC1	ADC0	–	–	–	–	–	–	ADCL
7	6	5	4	3	2	1	0	

左对齐

图 21.2　左、右对齐时的数据结果

以右对齐为例，转换后的结果可以表示为 result = ADCL | (ADCH&0x03)<<8。

此外，ADC 的控制器中还包括一个数字输入禁止寄存器 DIDR0，该寄存器的低 6 位分别控制 ADC5～ADC0 引脚的数字输入的禁用功能，当该位写入 1 时，相应 ADC 引脚上的数字输入缓冲器被禁用。当模拟信号施加到 ADC5~ADC0 引脚而不需要来自该引脚的数字输入时，在该位写入 1，可以降低数字输入缓冲器的功耗。

21.3 ADC 单次转换实验

21.3.1 系统连接

在本实验中，将一个电位器的模拟输出端连接至 Arduino UNO 的模拟接口 A0，GND 和 VCC 引脚分别连接至 Arduino UNO 的 GND 与+5V 引脚，如图 21.3 所示。

图 21.3 ADC 单次转换实验系统连接图

21.3.2 程序设计

程序中包含了 4 个函数，分别用于 ADC 初始化、启动 ADC 单次转换、串口初始化和串口发送单个字符。在中断函数中读取 ADC 转换的结果。在主函数中，将 ADC 转换的结果转换为十进制后，通过串口发送。完整的源代码如下：

```
#include <avr/io.h>
#include <util/delay.h>
#include <avr/interrupt.h>
#define BAUD 9600
#define F_CPU 16000000UL
#define BAUD_PRESCALE ((F_CPU / (BAUD * 16UL)) - 1)
void ADC_init() {
    // 设置 ADC 的参考电压为 AVCC
    ADMUX |= (1 << REFS0);
    // 启用 ADC，设置预分频器的分频数为 128
    ADCSRA |= (1 << ADEN)|(1 << ADPS2) | (1 << ADPS1) | (1 << ADPS0);
```

```
}
void ADC_start_conversion() {
    // 设置 ADC 的输入通道为 ADC0
    ADMUX &= 0xF0;
    // 启动 ADC 转换
    ADCSRA |= (1 << ADSC);
}
void UART_init() {
    // 设置波特率
    UBRR0H = (BAUD_PRESCALE >> 8);
    UBRR0L = BAUD_PRESCALE;
    // 启用接收和发送功能
    UCSR0B = (1 << RXEN0) | (1 << TXEN0);
    // 设置帧格式：8 位数据位，1 位停止位
    UCSR0C = (1 << UCSZ01) | (1 << UCSZ00);
}
void UART_send_byte(uint8_t data) {
    // 等待发送缓冲区为空
    while (!(UCSR0A & (1 << UDRE0)));
    // 将数据写入发送缓冲区
    UDR0 = data;
}
int main(){
    uint16_t result;
    uint8_t ans[4];
    UART_init();// 初始化 UART
    ADC_init(); // 初始化 ADC
    while(1){
        ADC_start_conversion();
        while (ADCSRA & (1 << ADSC));//等待转换完成
        result = ADCL | (ADCH&0x03)<<8;
        for(int i=0;i<4;i++){  //进制转换
            ans[3-i] = result%10;
            result = result/10;
        }
        for(int i=0;i<4;i++){ //发送结果
            UART_send_byte(ans[i]+'0');
        }
        UART_send_byte('\n');
        _delay_ms(500);
    }
}
```

21.3.3 烧写

搭建完电路后，烧写程序，打开串口监视器，旋转电位器，可以看到输出结果随电位器的旋转发生变化。串口监视器输出结果如图 21.4 所示，本实验实物图如图 21.5 所示。

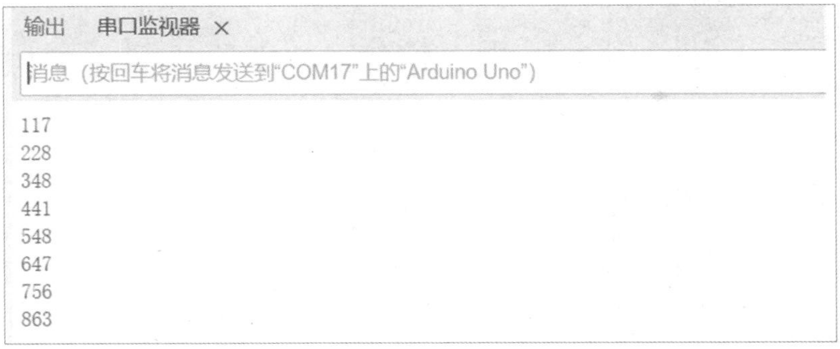

输出　串口监视器 ✕

消息（按回车将消息发送到"COM17"上的"Arduino Uno"）

```
117
228
348
441
548
647
756
863
```

图 21.4　串口监视器输出结果

图 21.5　本实验实物图

21.4　ADC 连续转换实验

ADC 连续转换实验的电路连接和 ADC 单次转换实验的电路连接相同，本实验主要在程序设计层面进行修改，设置定时器 1 为 ADC 连续转换的触发源，不需要重复启动 ADC，可以直接对 ADC 的转换结果进行读取。

21.4.1　程序设计

程序中包含了 4 个函数，分别用于 ADC 的初始化、定时器 1 的初始化、串口的初始化和串口发送单个字符。在主函数中，将 ADC 转换的结果转换为十进制后，通过串口发送。完整的源代码如下：

```
#include <avr/io.h>
#include <util/delay.h>
#include <avr/interrupt.h>
#define BAUD 9600
#ifndef F_CPU
#define F_CPU 16000000UL
#endif
```

```
#define BAUD_PRESCALE ((F_CPU / (BAUD * 16UL)) - 1)
void tim1_init(){
    cli();
    TCCR1A = 0;//将整个 TCCR1A 设置为 0
    TCCR1B = 0;//将整个 TCCR1B 设置为 0
    TCNT1  = 0;//将计数器值初始化为 0
    uint32_t ms = 1000 * (16000 / 1024);
    OCR1AH = ((ms-1) & 0xff00) >> 8;// 15625 高位
    OCR1AL = (ms-1) & 0x00ff; // 15625 低位
    TCCR1B |= (1 << WGM12);//打开 CTC 模式
    TCCR1B |= (1 << CS12) | (1 << CS10);//1024 预分频
    TIMSK1 |= (1 << OCIE1A);
}
void adc_init(){
    // VCC
    ADMUX |= (1 << REFS0);
    // 启用 ADC，设置预分频器的分频数为 128
    ADCSRA |= (1 << ADEN)|(1 << ADPS0);
    // 设置 ADC 的输入通道为 ADC0
    ADMUX &= 0xF0;
    // 设置 ADC 触发模式
    ADCSRA |= (1 << ADATE);
    // 打开中断
    ADCSRA |= (1 << ADIE);
    ADCSRB = 0x05; // 设置 ADC 触发源为定时器 1 溢出事件
    // 启动 ADC 转换
    ADCSRA |= (1 << ADSC);
    sei();
}
void UART_init() {
    // 设置波特率
    UBRR0H = (BAUD_PRESCALE >> 8);
    UBRR0L = BAUD_PRESCALE;
    // 启用接收和发送功能
    UCSR0B = (1 << RXEN0) | (1 << TXEN0);
    // 设置帧格式：8 位数据位，1 位停止位
    UCSR0C = (1 << UCSZ01) | (1 << UCSZ00);
}
void UART_send_byte(uint8_t data) {
    // 等待发送缓冲区为空
    while (!(UCSR0A & (1 << UDRE0)));
    // 将数据写入发送缓冲区
    UDR0 = data;
}
uint16_t result;
ISR(ADC_vect){
    result = ADCL | (ADCH&0x03)<<8;
}
```

```
int main(){
    UART_init();
    tim1_init();
    adc_init();
    _delay_ms(500);
    while(1){
        uint8_t ans[4];
        for(int i=0;i<4;i++){  //进制转换
            ans[3-i] = result%10;
            result = result/10;
        }
        for(int i=0;i<4;i++){ //发送结果
            UART_send_byte(ans[i]+'0');
        }UART_send_byte('\n');
        _delay_ms(500);
    }
}
```

21.4.2　烧写

搭建完电路后，烧写程序，打开串口监视器，旋转电位器，可以看到输出结果随电位器的旋转发生变化。串口监视器输出结果如图 21.6 所示。

图 21.6　串口监视器输出结果

21.5　小结

本章详细介绍了 AVR 单片机中模数转换的原理和实现方法。AVR 单片机内置 10 位逐次逼近型 ADC，可通过寄存器配置实现单次和自动触发模式。首先，概述了 ADC 的工作原理；然后，详细讲解了相关寄存器的功能和配置方法，并通过两个实验展示了 ADC 的具体应用：单次转换实验连接电位器到 A0 口，通过编程实现 ADC 初始化、启动转换和结果读取；连续转换实验利用定时器 1 作为触发源，实现 ADC 的自动连续采样。两个实验都通过串口输出 ADC 转换结果，直观地展示了模拟量的数字化过程。

第 22 章

基于 AVR 单片机的打地鼠游戏

本章基于 AVR 单片机实现一个较复杂的实例。综合利用 LCD-12864、AVR 单片机、矩阵键盘设计一款打地鼠游戏。通过这个实例，读者不仅可以掌握 LCD-12864 的控制和 IIC 协议，巩固单片机编程基础，还能体会到模块化编程的技巧，为今后进一步深入学习相关知识打下基础。

本章实现功能：

利用 AVR 单片机设计打地鼠游戏，LCD 上显示 4×4 的矩形方格（地鼠洞），地鼠会在随机的时间出现在随机的洞口，游戏者按下对应键盘按键方能得分。每轮游戏结束后，系统对得分榜进行更新，游戏者可对游戏的模式和难度进行设置，以及查看排行榜等。

22.1 LCD-12864 的工作原理

LCD-12864 是一种具有 64 行、每行 128 个像素点的液晶屏，实物如图 22.1 所示。市面上的 LCD-12864 普遍采用 ST7920 作为主控芯片，其与单片机有 3 种通信方式：8 位并行通信、4 位并行通信、串口通信。在单片机 I/O 口充足的情况下，常用 8 位并行通信，该通信方式速度快，程序简单。

图 22.1 LCD-12864 实物图

ST7920 的内部资源主要有 CGROM（存储汉字字形）、HCGROM（存储 ASCII 码字符字形）、DDRAM（存储汉字显示信息）、GDRAM（存储图形显示信息）、CGRAM（存储自定义汉字字形）。ROM 不可被修改，RAM 可被修改。ST7920 的工作原理是，显示汉字时，输入汉字编码，存储在 DDRAM 中，ST7920 从 DDRAM 中读出汉字编码，从 CGROM 中找出对应汉字字形[CGROM 中存储的实际上就是 16×16（单位为像素）大小的汉字图案]，并把这个汉字图案显示在 LCD-12864 的相应位置上。如果让 LCD-12864 显示图形，那么输入的信息就是像素点信息，1 代表亮，0 代表暗。显示汉字和显示图形在 ST7920 中对应两种指令集，因此在显示不同种类内容时需要切换指令集。切换指令集的指令不会对显示内容造成影响，因此同时显示汉字和图形是有可能的。

在 LCD-12864 上显示汉字是比较简单的。这里有几点值得关注：首先是 Keil 的 0xFD 漏洞，Keil 在编译时会删掉程序中的 0xFD，导致部分汉字无法正常显示，如汉字"数"，解决这个问题的一种方法是手动在程序的相应字符后加入\xFD，把 Keil 删掉的内容加上去（网上也有解决此问题的补丁下载）；ST7920 实际上把与之相连的液晶屏看作一块 256×32 的点阵，可以认为 LCD-12864 的下半屏对 ST7920 来说是在上半屏的右边，因此在实现滚动显示、汉字反白显示等功能时需要做额外处理。

LCD-12864 实现图形显示有两种情况，一种是静态图形显示，此时可以用取模软件生成对应代码，直接一次写入 ST7920，常用于系统欢迎界面的绘制；另一种是动态图形显示，这里的核心就是实现画点函数。画点函数的难点是 GDRAM 以字节为单位寻址，一次修改影响多个像素的显示，因此需要保证对某个像素点的修改不会影响周围其他点的显示。解决方法就是先把现在显示的像素点信息读取出来，将其与要修改的像素点一起重新写入 ST7920。由于在 GDRAM 中，一个地址对应 2 字节（16 个像素点）的信息，因此画点函数的主要流程为写入地址→读出对应地址的内容→将要显示的像素点通过位运算加入当前显示内容中→写入显示内容。在读 ST7920 时，要先"假读"一次，再连续读两次，得到 2 字节的信息。

深入分析，用画点函数绘图也存在一定的问题，即速度偏慢。因此对于一些比较大的图案，最好先分析图案特征（位置、形状），再写专用的绘图函数。例如，在第 5 行的 0～15 个像素点处画一条横线，直接在对应地址中写两次 0xff 即可，而画点函数则需要连续操作 16 次。

22.2　系统连接

部分开发板有 LCD-12864 的接口，直接按照开发板相关说明进行连接即可。这里对照 Arduino UNO 电路图，对程序引脚定义进行调整。

AVR 单片机端口与 Arduino UNO 端口相对应，为了连线方便，这里直接给出对 Arduino UNO 对应本程序的引脚定义。

Arduino UNO 的数字接口 6～9 分别连接矩阵键盘 R1～R4，数字接口 10～13 分别连接矩阵键盘 C1～C4，数字接口 5 连接 LCD-12864 的 RS（并行的指令/数据选择信号）口，数字接口 4 连接 LCD-12864 的 R/W（读/写选择信号）口，数字接口 3 连接 LCD-12864 的 E（使能信号）口，数字接口 2～0 和模拟接口 A0～A4 作为 LCD-12864 的数据口（8 位并口），模拟接口 A5 连接 PSB（串/并方式控制口）；Arduino UNO 的 RST 引脚连接 LCD-12864 的 RST

（复位信号）口，Arduino UNO 的 +5V 引脚连接 LCD-12864 的 VCC 引脚。图 22.2 所示为系统连接实物图。

图 22.2　系统连接实物图

22.3　流程图

通常，打地鼠游戏的特点是，游戏者面前有一些洞，地鼠会在随机的时间出现在随机的洞口，游戏者必须在有限的时间内击中出现的地鼠方能得分，经过一段时间，如果游戏者没有击中地鼠，则地鼠会退回洞内，如此循环。

因此程序在游戏界面的流程为生成一个随机数 A→根据随机数 A 得到新地鼠在 16 个洞中的位置→让新地鼠在相应洞中显示→扫描矩阵键盘→判断扫描得到的按键结果（如果击中就加分并显示击中动画；如果未击中就减分并显示未击中动画）→地鼠消失→生成随机数 B→根据随机数 B 进行延时，如此循环。

在实际编程中可以加入一些辅助功能，如记录游戏数据（累计地鼠数、累计击中数、最大连击数），根据所选难度调整延时时间，根据所选模式加入计时、生命值，退回主界面等。

打地鼠游戏在初始化后就进入一个 while(1) 循环，该循环由 3 部分组成，即开始界面、游戏界面和结束界面。开始界面即游戏菜单，拥有"开始游戏""游戏设置""模式选择""排行榜" 4 个菜单。选择"开始游戏"菜单可进入游戏界面进行游戏，选择其他菜单可进入相应子界面。游戏界面即打地鼠的核心部分，其由左侧 4×4 个地鼠洞和右侧的功能区组成，功能区能够动态显示游戏时间、生命值、累计地鼠数、当前分数、加/减分情况。游戏者在游戏界面进行打地鼠游戏。在游戏过程中，按 Arduino UNO 上的结束功能按键可结束游戏，进入结束界面（通过 break 跳出 while(1) 循环），结束界面会显示本轮最终得分、最大连击数和累积击中数等信息，同时在后台完成排行榜的更新工作。在结束界面按 Arduino UNO 上的结束功能按键，回到开始界面。

根据以上分析，得到如图 22.3 所示的总流程图。

其中，打地鼠游戏部分流程图如图 22.4 所示。

游戏设置、难度/模式选择界面由同一函数生成。难度/模式编号通过指针传回主函数，不同模式通过标志位进行区分。该部分流程图如图 22.5 所示。

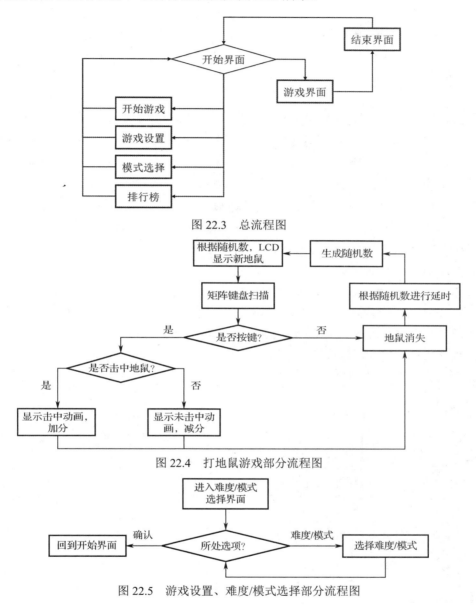

图 22.3　总流程图

图 22.4　打地鼠游戏部分流程图

图 22.5　游戏设置、难度/模式选择部分流程图

22.4　程序设计

本程序中主要的函数有以下几个。

（1）lcdPrintDot(uchar X,uchar Y,uchar draw)画点函数：在 X 行、Y 列显示一个点，draw 为 0 时抹去一个点。

（2）lcdPrintNum53(uchar X,uchar Y,uchar num,uchar isReverse)：显示一个 5 行×3 列的符号。由于 LCD-12864 的分辨率有限，因此需要自己制作一些较小的字符，以便在液晶屏上显示更多内容。X、Y 为该字符左上角像素点的坐标，num 为要显示的数字，isReverse 为 1 时反白显示。

（3）lcdPrintIcon1210(uchar X,uchar Y,uchar draw)：显示地鼠。地鼠是一个 12×10（单位为像素）大小的图案，图案像素点位置信息以 code 形式写在程序中；draw 为 0 时反白显示。

（4）uchar KeyScan()、uchar functionKeyScan()：分别实现矩阵键盘的扫描和功能按键的扫描。

（5）timerSwitch(uchar turnON)：对定时器开启、关闭的代码进行封装。

（6）rankRefresh(uint score)：对排行榜读/写操作进行封装，由于 ATmega328P 内置 1024 字节的 EEPROM，其拥有至少 100000 次的读/写寿命，因此可以通过访问寄存器进行排行榜更新等读/写操作。本轮游戏的分数会传递到此函数中，函数读取 EEPROM 存储的现有分数，如果本轮分数进入排行榜，则该函数将本轮分数写入排行榜，实现排行榜的更新。

（7）startUI_setting(uchar *pHardLevel,bit isGameSet)：实现开始界面中的"游戏设置"和"难度/模式选择"两个子界面，通过 isGameSet 选择子界面。游戏参数以指针形式传递。

（8）playUI(uchar modeSelect)：完成游戏界面的绘制工作。

（9）startUI(uchar *pHardLevel,uchar *pModeSelect)、endUI(uint score , uchar maxSeri , uint successCount)：绘制相应的界面，并实现相应的人机交互和后台功能，如 startUI()函数会产生随机数种子，确保每轮游戏不重复。游戏界面的人机交互在 main()函数中完成。

由于程序比较庞大，因此这里只给出主函数 main()。

```
void main()
{
    uchar count,randNum,keyNum,seriSuccess,maxSeriSuccess,hardLevel=0,modeSelect=
0,blood;
    //hardLevel 为 0 表示简单，为 1 表示一般，为 2 表示困难；modeSelect 为 0 表示无尽，为 1 表示限
时，为 2 表示挑战
    //randNum 为地鼠所在洞的编号，keyNum 为按键编号，二者相等视为击中；seriSuccess 为连击数，
maxSeriSuccess 为最大连击数；blood 为挑战模式生命值
    uint score,mouseCount,successCount;
//score 为分数，mouseCount 为累计地鼠数，successCount 为累计击中数
    lcd_init();                //初始化 LCD
    lcdClearGDRAM();           //清屏

    //排行榜清零指令，第一次加载游戏时使用
    //for(count=0;count<10;count++)write24c02(count,0);

    while(1)
    {
        startUI(&hardLevel,&modeSelect);        //进入开始界面
        playUI(modeSelect);                     //绘制游戏界面
        _delay_ms(250);                         //延时
//游戏数据初始化，100 分基础分
seriSuccess=0;score=100;mouseCount=0;successCount=0;maxSeriSuccess=0;timerSecond=
0;blood=5;
        if(modeSelect==1)timerSwitch(1);        //打开计时器
```

```
    while(1)                                    //打地鼠游戏代码，打地鼠游戏从此处开始
    {
        randNum=(unsigned char)(16*(rand()/(RAND_MAX+1.0)));   //产生随机数 A
        //随机数 A 用于确定本次地鼠的位置
        lcdPrintIcon1210(randNum/4,randNum%4,1);        //显示新地鼠
        mouseCount++;                                   //累计地鼠数加 1
        lcdPrintMultiNum53(16,100,mouseCount,0,3);      //更新累计地鼠数
        if(modeSelect==1)lcdPrintTime(timerSecond);     //如果是限时模式，则更新时间

        for(count=250-hardLevel*75;count>0;count--)     //地鼠露头时间根据游戏难度而变化
        {                       //在这个循环中，地鼠显示，同时矩阵键盘不断扫描
            _delay_ms(2);
            keyNum=KeyPro();                    //矩阵键盘扫描，若没有按键被按下，则返回16
            if(keyNum!=16)break;        //如果按键被按下
        }
        keypad=0xff;                                //按键电平复原，否则 LCD 无法正常显示
        delay(10);
        //地鼠出现时间结束，按键处理代码开始
        if(modeSelect==1)lcdPrintTime(timerSecond);     //如果是限时模式，则更新时间
        if(keyNum!=16)                              //如果按键被按下
        {
            if(keyNum==17)break;                //如果按下 S2，则跳出循环，进入 EndUI
            lcdClearIcon1210(keyNum/4,keyNum%4,1);      //动画原理：只要按键被按下，
就先在按键位置画一个 12×10（单位为像素）的矩形，如果击中，就在矩形中画"蓝色"地鼠
            if(keyNum==randNum)                 //成功击中
            {
                lcdPrintIcon1210(keyNum/4,keyNum%4,0);      //画"蓝色"地鼠，相当于
反白显示
                score+=5+seriSuccess;                       //连击奖励
                lcdPrintMultiNum53(31,100,score,0,5);       //更新分数
                lcdPrintNum53(37,112,37,0);                 //显示加分符号'+'
                lcdPrintMultiNum53(37,116,5+seriSuccess,0,3);//显示加分，加分只
显示 3 位
                seriSuccess++;                              //连击才有加分，故放在这里
                successCount++;                             //用于游戏数据计数
                if(seriSuccess>maxSeriSuccess)maxSeriSuccess=seriSuccess; //最
大连击数
            }
            else                                //没有击中
            {
                seriSuccess=0;                  //没有击中，连击清零
                score-=5;                       //减 5 分
                lcdPrintMultiNum53(31,100,score,0,5);//更新分数
                lcdPrintNum53(37,112,38,0);             //显示减分符号'-'
                lcdPrintNum53(37,116,5,0);              //显示减分
                if(modeSelect==2)               //如果是挑战模式
                {
                    blood--;                            //则生命值减 1
```

```
                        lcdClearNum53(1,100+blood*4,0);    //去掉一个生命值符号
                }
            }

            for(count=0;count<10;count++)        //延时以显示击中动画、加/减分信息
            {
                _delay_ms(10);
                if(modeSelect==1)lcdPrintTime(timerSecond);    //更新时间
                else _delay_ms(5);
            }
            lcdClearNum53(37,112,0);                        //清除加分显示
            lcdClearNum53(37,116,0);                        //清除加分显示
            lcdClearNum53(37,120,0);                        //清除加分显示
            lcdClearNum53(37,124,0);                        //清除加分显示
            lcdClearIcon1210(keyNum/4,keyNum%4,0);          //击中动画消失
        }
        else seriSuccess=0;                                //没有按键，连击清零

        lcdClearIcon1210(randNum/4,randNum%4,0);            //本次地鼠消失
        if(modeSelect==2 && blood==0)break;   //死亡，动画放完后，通过 break 跳出
while(1)循环
        //以下是两次地鼠出现的间隔时间
        switch(hardLevel)                    //地鼠隐藏时间根据难度而变化
        {
            case 2:RST=0xff;break;    //困难难度，keypad=0xff 用于防止矩阵键盘干扰，
因为 LCD-12864 相关函数会将某些端口拉低，可能在按矩阵键盘时退出游戏，所以在按键检测前要将其置 1
            case 0:                          //简单难度
            {
                if(seriSuccess<50)for(count=50-seriSuccess;count>0;count--)
                {                    //连击越多，地鼠出现的间隔时间越短
                    _delay_ms(5);
                    if(modeSelect==1)lcdPrintTime(timerSecond);    //更新时间
                    else _delay_ms(4);
                    keypad =0xff;      //防止按键电平干扰下面的按键检测
                    if(functionButton==0)break;                    //退出
                }

                for(count=rand()%30;count>0;count--)
                {                    //地鼠出现的间隔时间同时受到随机数 B 的影响
                    _delay_ms(10);
                    if(modeSelect==1)lcdPrintTime(timerSecond);    //更新时间
                    else _delay_ms(4);    //lcdPrintTime()的执行时间约为 4.5ms
                    keypad =0xff;
                    if(functionButton==0)break;                    //退出
                }
                break;
            }
            case 1:                          //一般难度，代码注释参考简单难度
```

```
        {
            if(seriSuccess<10)for(count=50-seriSuccess*5;count>0;count--)
            {
                _delay_ms(5);
                if(modeSelect==1)lcdPrintTime(timerSecond);        //更新时间
                else _delay_ms(5);
                keypad =0xff;
                if(functionButton==0)break;                        //退出
            }

            for(count=rand()%10;count>0;count--)
            {
                _delay_ms(10);
                if(modeSelect==1)lcdPrintTime(timerSecond);        //更新时间
                else _delay_ms(5);
                keypad =0xff;
                if(functionButton==0)break;                        //退出
            }
            break;
        }
    }
    //以下代码用于判断是否退出游戏
    if(seriSuccess>250 || score>65000 || score<5)break;
        //邻近溢出时提前终止游戏
    if(modeSelect==1 && timerSecond>=60)break;  //限时模式下的默认时间限制为60s
    if(functionButton==0)
    {
        _delay_ms(10);
        break;    //上面的退出在 switch 的 for 循环中，因此需要 break 两次才能退出
    }
}                                               //打地鼠游戏结束
    if(modeSelect==1)timerSwitch(0);            //关定时器
    endUI(score,maxSeriSuccess,successCount);   //进入结束界面

    }
}
```

　　另外，在程序编写过程中，还有几个值得注意的地方：首先，对于要在 LCD-12864 上显示的图案，最好以 code 的形式进行存储，这样可以节省单片机的 RAM 空间；其次，建议在便于调试的基础上编程，如排行榜功能，可以先把 LCD-12864 上的排行榜界面写出来，运行正常后完成 EEPROM 的读/写，这样在调试时，在 LCD-12864 上就能很方便地看到结果。

　　由于本程序使用顺序结构来编写，而时间的显示和按键扫描、各种延时同时进行，因此不得不在游戏代码中穿插时间更新代码。那么，为什么不用中断显示时间呢？因为时间显示调用了一些 LCD-12864 的函数，所以，如果用中断显示时间，就存在函数重入的风险。假如当程序正在 lcdPrintNum53()函数中更新累计地鼠数时发生中断，则会进入时间显示函数，而时间显示函数又会调用 lcdPrintNum53()函数，这就会导致诸多问题。

22.5　烧写

开始界面如图 22.6 所示。开始界面有滚动功能，"排行榜"菜单位于第四位，故这里未显示出来。其中左侧的地鼠图标用来指示当前选中的菜单。

图 22.6　开始界面

可以查看排行榜，通过读取 EEPROM，显示目前最高的 3 次游戏分数，如图 22.7 所示。

图 22.7　排行榜界面

游戏者按下矩阵键盘按键，液晶屏相应位置显示击打动画。在挑战模式（见图 22.8）下，液晶屏右上角显示剩余生命值。累计地鼠数显示在"MOUSE"下方，"SCORE"下方显示当前得分。因为本次未击中地鼠，所以图 22.8 中的"SCORE"下方显示"-5"。

图 22.8　挑战模式（未击中）

22.6　小结

本章基于 AVR 单片机制作了一款打地鼠游戏，通过 LCD-12864 显示游戏界面，通过矩阵键盘实现游戏操控；制作了一个简单的交互界面，实现了游戏难度/模式的调节；利用 AVR 单片机内部 EEPROM 和定时器分别实现了排行榜掉电存储功能与游戏计时功能。